Lebensraum Siedlung Seite 74

Gärten, Parks, Stadt- und Dorfstraßen, Obstanlagen: Hier wachsen Bäume und Sträucher in
großer Vielfalt, und immer wieder kommen
neue „Modegehölze" hinzu. Viele stammen
ursprünglich aus anderen Weltgegenden, sind
für uns aber längst vertraute Gestalten, so etwa
Rosskastanie, Magnolie, Flieder und Lebensbaum. Das gilt auch für Obstgehölze wie Apfel
und Birne, an deren Entstehung z. B. westasiatische Wildarten beteiligt waren.

Erläuterungen

m = Meter (Wuchshöhe)

ø = Durchmesser

Jh. = Jahrhundert

Verbreitete Wuchs- und Kronenformen

Krone rundlich

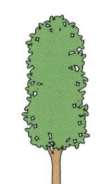

Krone zylindrisch
bis schmal eiförmig

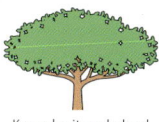

Krone breit ausladend

Krone kegel- oder
pyramidenförmig

Strauch

Joachim Mayer

Kosmos Baumführer
für unterwegs

KOSMOS

Aufbau eines Baumes

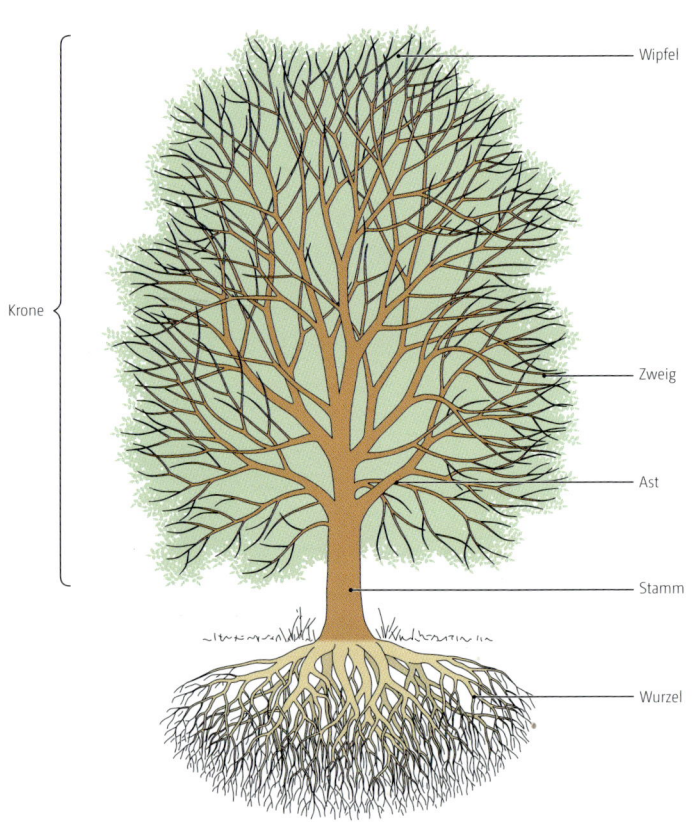

Krone

Wipfel

Zweig

Ast

Stamm

Wurzel

Inhalt

Ob in Wald, Feld oder Flur, im Stadtpark, an Straßen, Autobahnen oder direkt in Nachbars Garten: Überall begegnen wir Bäumen. Zum Glück – denn die langlebigen Riesen unter den Pflanzen reichern die Atmosphäre mit Sauerstoff an, filtern große Mengen an Staub und Schadstoffen aus der Luft und verbessern das lokale und globale Klima. Daneben stabilisieren sie den Wasserkreislauf, spenden Schatten, vermindern die Bodenerosion und bieten unzähligen Tieren Lebensräume und Nahrung.

Bedeutungsvolle Gestalten

Neben ihrer ökologischen Funktion haben Bäume seit jeher unschätzbaren praktischen Nutzen für den Menschen: angefangen bei vitaminreichen Früchten und Fleisch liefernden Waldtieren über Brenn-, Bau- und Möbelholz sowie Eicheln und Bucheckern für die Schweinemast bis hin zu fossilen Brennstoffen wie Kohle sowie Grundstoffen für die Papierherstellung und für medizinische Zwecke.

Nicht nur deshalb genießen Bäume besonderes Ansehen, sondern auch aufgrund ihrer eindrucksvollen Gestalt und des ehrwürdigen Alters, das manche erreichen. Als ältester Baum der Welt gilt derzeit „Old Tjikko", eine über 9500 Jahre alte Fichte in Schweden. Um den Titel des ältesten Baums in Deutschland konkurrieren mehrere Eichen, Linden und Eiben, die alle mindestens 1000 Jahre auf dem Buckel haben.

So verwundert es kaum, dass Bäume in vielen Kulturen als Pflanzen mit besonderer Symbolkraft gelten und eine wichtige Rolle in Mythologien und Religionen spielen – seien es die germanische Welten-Esche, der Ginkgo als asiatischer Tempelbaum, der biblische Apfelbaum des Sündenfalls oder der traditionelle Weihnachtsbaum.

Wechselhafte Waldgeschichte

Zur Hoch-Zeit des Tertiärs, das vor rund 65 Millionen Jahren begann, waren große Teile des heutigen Europa mit artenreichen Wäldern bedeckt. Hier wuchsen nicht nur

Waldbäume, die uns noch immer vertraut sind, sondern auch Gehölze, die erst viel später wieder als „Re-Importe" aus Asien oder Nordamerika zu uns kamen, wie etwa Magnolien, Lilienbaum, Amberbaum und Douglasie.

Mit den Eiszeiten, die vor 2,5 Millionen Jahren einsetzten und Mitteleuropa letztmals vor etwa 12 000 Jahren überzogen, reduzierte sich diese Artenvielfalt gewaltig. Nur einige wenige robuste Gehölze konnten in wärmeren Refugien überleben und kehrten allmählich wieder zurück, angefangen mit Birken und Kiefern, gefolgt u. a. von Hasel, Weiden, Eichen und schließlich von der Rot-Buche, die für lange Zeit zur dominierenden Baumart wurde.

Bis in die Spätantike hinein waren gut zwei Drittel Germaniens von den so entstandenen, nacheiszeitlichen Wäldern bedeckt. Im Lauf des Mittelalters wurde der Waldanteil durch Roden für Siedlungen und Ackerbau, Holznutzung und Beweidung etwa um die Hälfte reduziert und der verbliebene Bestand stark beeinträchtigt und verändert. Bis Anfang des 19. Jahrhunderts waren die meisten Wälder regelrecht „ausgelaugt".

Dem wurde schließlich mit moderner Forstwirtschaft entgegengewirkt; dies teils schon früh mit einer ökologisch sinnvollen Mischwaldbepflanzung, aber auch verbreitet mit Monokulturen, etwa von Fichten, zur reinen Holznutzung. Somit sind fast all unsere Wälder durch menschliche Einwirkung beeinflusst und streng genommen als Forste zu bezeichnen.

Heute macht der Wald in Deutschland rund ein Drittel der Landesfläche aus, mit leicht zunehmender Tendenz, und kann mit 76 verschiedenen Baumarten aufwarten. Allerdings machen nur eine Handvoll Arten rund drei Viertel des Bestands aus: Gewöhnliche Fichte, Wald-Kiefer, Rot-Buche, Stiel- und Trauben-Eiche.

Jenseits der Wälder

Windschutz, Bodenbefestigung und -entwässerung, Abgrenzen von Ackerflächen: Das waren schon früher gute Gründe, um in Acker- und Wiesenlandschaften Gehölze zu pflanzen. In neuerer Zeit kamen ökologische und landschaftsästhetische Bestrebungen hinzu und haben dazu geführt, dass heute in Feld und Flur viele unterschiedliche Gehölze anzutreffen sind, bis hin zu kleinen Wäldchen.

In den Gärten spielten früher fast nur Obstbäume eine Rolle. Im Siedlungsbereich wurden außerdem Linden, teils auch Eichen, als Dorf- und Versammlungsbäume besonders gehegt. Doch erst mit dem Beginn der Neuzeit entwickelte sich die „Mode", Gehölze einfach nur wegen

blematischen „Neubürgern", die sich unerwünscht stark ausbreiten.

Bäume unterwegs bestimmen
Der kurze Abriss zur Baumgeschichte zeigt: Die meisten Gehölze wachsen nicht von selbst an naturgegebenen Standorten, sondern wurden zu bestimmten Zwecken gepflanzt, zumindest aber durch menschliche Eingriffe in ihrer Verbreitung beeinflusst. Einige Bäume, etwa Spitz-Ahorn, Hainbuche und Weiß-Birke, sind zudem ausgesprochene „Universalisten": Man findet sie in Wäldern ebenso wie in der freien Landschaft, in Parks und in Gärten. Von daher kann die Einteilung in die **Lebensräume** Wald, Landschaft, Gewässernähe und Siedlung nur einen ungefähren Anhaltspunkt bieten: Die Arten sind hier jeweils dem Lebensraum zugeordnet, in dem man sie üblicherweise am häufigsten antrifft. Nicht selten kann also auch das Nachschlagen in einem anderen Lebensraum-Kapitel helfen, wenn sich z. B. ein im Wald gesehener Baum nicht gleich identifizieren lässt.
Das wichtigste Unterscheidungskriterium ist zunächst die **Wuchsform**, nach der die Lebensraum-Kapitel untergliedert sind: Handelt es sich um einen Laubbaum mit deutlichem Stamm oder einen mehrstämmigen, baumartigen Großstrauch? Um einen mittelgroßen, von unten her verzweigten „Normalstrauch" (bis etwa 6 m Höhe)? Oder um ein Nadelgehölz?
Innerhalb dieser Untergruppen sind die Laubbäume und -sträucher jeweils nach **Blattformen** angeordnet: zuerst Arten mit einfachen, ganzrandigen Blättern, dann mit gesägten, gezähnten und gekerbten

ihrer Schönheit zu pflanzen. Vor allem im städtischen Bereich gewannen sie in der Moderne zunehmend Bedeutung beim Gestalten öffentlicher Erholungsräume und zur Verbesserung des Stadtklimas. Während sich fremdländische Arten in den Forsten weitgehend auf die Douglasie beschränken, kommen sie unter den Landschaftsgehölzen und erst recht im Siedlungsbereich in großer Zahl vor. Das begann schon vor gut zwei Jahrtausenden, als die Römer aus dem Süden Obstgehölze wie Pfirsich, Aprikose, Quitte und Walnuss in unsere Gefilde mitbrachten. Nach den europäischen Entdeckungsreisen des 15. und 16. Jahrhunderts setzte dann eine gewaltige Import-Welle ein, die bis heute andauert, insbesondere von Gehölzen aus Ostasien und Nordamerika – mit vielen schönen und nützlichen Bereicherungen, aber auch manch problematischen

Rändern, gefolgt von gelappten und tief eingeschnittenen Blättern und schließlich mehrteiligen, gefingerten oder gefiederten Blättern. Kleine Ausnahmen von diesem Prinzip gibt es dort, wo Arten derselben Gattung zwar unterschiedliche Blattränder aufweisen, sich aber ansonsten recht ähnlich sind.

Gehölze machen einem das Bestimmen nicht immer ganz einfach. Die Ausprägung ihrer „typischen" Merkmale kann aufgrund natürlicher, standort- und wetterbedingter sowie menschlicher Einflüsse recht stark variieren. Zudem verändern sie sich im Lauf der Jahre oft gewaltig und nicht zuletzt auch im Wechsel der Jahreszeiten.

Die meisten Bäume werfen im Herbst ihr Laub ab, sind also **sommergrün**. Diese Eigenschaft wird in den Beschreibungen nicht gesondert erwähnt, dort finden sich nur Hinweise auf immergrüne Ausnahmen. In vielen Fällen bieten die **Blätter** den besten Anhaltspunkt zum Bestimmen oder zumindest, um die Auswahl deutlich einzugrenzen. Bei sommergrünen Gehölzen beginnt

die beste Zeit dafür oft erst gegen Ende Mai/Anfang Juni, nachdem sich alles voll entfaltet hat und Blattstellung, -form und -ränder deutlich erkennbar sind.

Natürlich sind auch die **Blüten**, die bei Sommergrünen häufig vor der Laubentfaltung erscheinen, und die meist ab September reifenden **Früchte** wichtige und hilfreiche Merkmale. Beachten Sie dabei aber, dass vor allem hochwüchsige Bäume häufig erst im fortgeschrittenen Alter, also bei entsprechender Größe, Blüten und Früchte hervorbringen. Das kann schon bei einem Apfel-Hochstamm gut zehn Jahre dauern, bei einer Stiel-Eiche oder Weiß-Tanne sogar 80 Jahre.

Mit dem Alter ändert sich auch das Abschlussgewebe der Holzteile, besonders deutlich am Stamm: Über der anfänglich mehr oder weniger glatten Rinde bildet sich meist durch Ablagerung abgestorbener Korkzellen und Bastteile eine aufreißende oder abblätternde **Borke**. Diesbezügliche Angaben in den Beschreibungen beziehen sich entsprechend nur auf ältere Gehölze.

Lebensraum Wald

Größere Baumbestände, in denen ein besonderes Klima herrscht, prägen den Lebensraum Wald. Welche Baumarten vorkommen und dominieren, hängt vom Regionalklima und von der Höhenlage ab, aber auch von der Art der Bewirtschaftung. Insgesamt überwiegen im mitteleuropäischen Waldbestand Fichten, Kiefern, Buchen und Eichen. Bäume, die überwiegend in Au- und Bruchwäldern wachsen, finden Sie beim Lebensraum „Gewässernähe".

Tipp für unterwegs

Die Blattränder sind oft gezähnt, können aber auch gekerbt bis ganzrandig sein. Die aufrechten weiblichen Blütenstände zeigen schon die Anlagen des späteren Fruchtbechers.

Rot-Buche 25–30 m
Fagus sylvatica

Merkmale Stattlicher Baum, dicht verzweigt, im freien Stand ausladend. Rinde glatt, hell- bis silbergrau. Blätter wechselständig, eiförmig, schwach gekerbt oder gezähnt, teils ganzrandig, 5–10 cm lang, mit 5 bis 9 deutlichen Seitennervenpaaren, dunkelgrün glänzend. Blüten April–Mai, männliche in Büscheln, weibliche in behaarten, später verholzenden, 3-klappigen Fruchtbechern, darin ab September je 2 3-kantige Nüsse (Bucheckern).

Vorkommen Unser häufigster Laubbaum in Wäldern und Forsten, vom Tiefland bis in Mittelgebirgslagen. Öfter auch in Parks zu sehen. Wächst in der Sonne ebenso wie im Schatten.

Wissenswertes In Gärten und an Straßen sehen wir die Rot-Buche oftmals ganz anders als gewohnt: als in Form geschnittene Hecke. Dann wird sie öfter mit der Hainbuche (→ S. 38) verwechselt. Im Siedlungsbereich werden außerdem spezielle Zierformen der Rot-Buche gepflanzt (→ S. 84).

Tipp für unterwegs

Die Weiß-Birke kommt mit fast allen Standorten zurecht, braucht aber viel Licht. Im Wald finden Sie sie deshalb vor allem an Lichtungen und als Pioniergehölz auf Kahlschlägen, die neu aufgeforstet werden.

Weiß-Birke 8–25 m
Betula pendula

Merkmale Baum mit locker kegelförmiger, im Alter oft ausladender Krone, mit hängenden Zweigen. Borke weiß, ringelförmig abblätternd, im Alter schwärzlich, längsrissig. Blätter wechselständig, eiförmig zugespitzt bis dreieckig oder rautenförmig, doppelt gesägt, 3–6 cm lang, lang gestielt, frisch- bis dunkelgrün. Blütenkätzchen April–Mai, vor oder mit dem Laubaustrieb, männliche gelblich braun, hängend, bis 10 cm lang; Fruchtkätzchen hängend, walzenförmig.

Vorkommen In lichten Wäldern, meist zerstreut, vom Tiefland bis 1900 m Höhe. Auch auf Heiden und Mooren, in der Kulturlandschaft und häufig in Parks und Gärten, hier öfter in schmalen oder hängenden Zierformen (→ S. 88).

Wissenswertes Wegen der überhängenden Zweige auch als Hänge-Birke bekannt, wegen der typischen Korkwarzen auf der Rinde als Warzen-Birke und aufgrund ihrer geringen Bodenansprüche als Sand-Birke.

Tipp für unterwegs

Bei der Winter-Linde stehen meist 5 bis 7 Blüten rispenartig beisammen, bei der Sommer-Linde nur 2 bis 5. Charakteristisch für beide ist das helle, längliche Tragblatt im Blütenstand.

Winter-Linde   10–30 m
Tilia cordata

Merkmale Meist kurzstämmiger Baum, mit breit kegelförmiger Krone. Borke braunschwarz, längs gefurcht. Blätter wechselständig, schief herzförmig, gesägt, 4–7 cm lang, oberseits kahl, unterseits mit rotbraunen Achselbärten. Blüten Juni–Juli, hell grüngelb, zu 5 bis 7 (auch bis 11), duftend. Kugelige, graufilzige Früchte.
Vorkommen In sommerwarmen Laubmisch- und Auenwäldern, vom Tiefland bis in Mittelgebirgslagen. Häufig auch als Feldgehölz, Dorf- und Alleenbaum sowie in Parks.
Wissenswertes Die robustere Winter-Linde ist in Wäldern etwas häufiger und auch weiter nördlich anzutreffen als die Sommer-Linde (→ S. 86).

Tipp für unterwegs

Die oft fast runden Blätter sitzen an einem langen, seitlich flach zusammengedrückten Stiel. Die Kätzchen fallen anfangs durch rötliche Staubbeutel und Narben auf.

Zitter-Pappel, Espe   10–30 m
Populus tremula

Merkmale Baum mit breiter, locker aufgebauter Krone. Rinde gelblich grau und glatt, im Alter schwarzgraue, längsrissige Borke. Blätter wechselständig, rund bis breit eiförmig, buchtig gezähnt, 3–7 cm lang, mit langen Blattstielen. Zweihäusig; Blütenkätzchen März–April, hängend, 5–10 cm lang, grün (weiblich) oder grauzottig (männlich).
Vorkommen Recht häufig in lichten Mischwäldern, an Waldrändern und Hängen sowie als Pionierbaum auf Kahlschlägen, vom Tiefland bis in Mittelgebirgslagen. Wird auch als Feldgehölz und in Parks gepflanzt.
Wissenswertes Wegen der langen, flachen Stiele „zittern" die Blätter schon bei leichten Brisen „wie Espenlaub".

Tipp für unterwegs

Bei der Berg-Ulme sind die Fruchtflügel, anders als bei anderen Ulmen, nicht eingeschnitten.

Berg-Ulme, Weißrüster   20–40 m
Ulmus glabra

Merkmale Meist kurzstämmiger Baum mit breiter, oft mehrteiliger Krone. Borke graubraun. Blätter wechselständig, elliptisch bis verkehrt-eiförmig, oft dreispitzig, Spreitengrund asymmetrisch, doppelt gesägt, 8–16 cm lang, oberseits auffällig rau, unterseits hell behaart. Blüten März–April, vor dem Laubaustrieb, grün-rötlich, in kleinen, dichten Büscheln. Ab Mai hellgrüne Flügelfrüchte mit Nüsschen in der Mitte.
Vorkommen In Berg-, Schlucht- und Auwäldern, vom Tiefland bis 1400 m Höhe, an hellen, luftfeuchten Standorten.
Wissenswertes Besonders in den Tieflagen wurden die Bestände der Berg-Ulme durch das Ulmensterben (eine Pilzkrankheit) stark dezimiert.

Holz-Apfel · 3–10 m
Malus sylvestris

Tipp für unterwegs

Holz-Apfel und Wild-Birne finden Sie meist an sonnigen, eher feuchten, nährstoffreichen Standorten, recht häufig in der Nähe von Eichen oder Schlehe und Liguster.

Merkmale Strauch oder kurzstämmiger Baum. Zweige überhängend, teils bedornt. Borke graubraun, schuppig. Blätter wechselständig, breit elliptisch, kerbig gesägt, 4–8 cm lang. Blüten April–Mai, in Büscheln, weiß bis hellrosa, außen dunkelrosa. Ab September 2–4 cm kleine Apfelfrüchte, gelbgrün, sonnenseits gerötet, herb sauer.

Vorkommen Zerstreut an Waldrändern, in lichten Auwäldern und Gebüschen, vom Tiefland bis 1000 m Höhe, vor allem in wärmeren, wintermilden Regionen.

Wissenswertes Nur wenn der Holz- oder Wild-Apfel spitze Dornen trägt, lässt er sich deutlich von verwilderten Kultur-Apfelbäumen (→ S. 94) unterscheiden.

Wild-Birne · 5–20 m
Pyrus pyraster

Tipp für unterwegs

Zweige und Kurztriebe der Wild-Birne enden ebenso wie beim Holz-Apfel teils in spitzen Dornen.

Merkmale Strauch oder kurzstämmiger Baum mit oft schmaler, unregelmäßiger Krone. Zweige und Kurztriebe teils mit Dornen. Borke grau, gefeldert, schuppig. Blätter wechselständig, eiförmig bis rundlich, fein gesägt (anders als bei der Kultur-Birne, → S. 94, auch in der unteren Blatthälfte), 3–7 cm lang, lang gestielt, dunkelgrün. Blüten April–Mai, in Doldentrauben, weiß mit roten Staubbeuteln, streng riechend. Ab September 4–5 cm große, rundliche bis eiförmige, gelbe bis bräunliche Früchte.

Vorkommen Wie Holz-Apfel; besonders wärmebedürftig.

Wissenswertes Die sauer und bitter schmeckenden Früchte enthalten zahlreiche verholzte Steinzellen.

Elsbeere · 5–20 m
Sorbus torminalis

Tipp für unterwegs

Mit ihren tief gelappten, an Ahorne erinnernden Blättern unterscheidet sich die Elsbeere von anderen *Sorbus*-Arten wie Mehlbeere (→ S. 114) und Eberesche (→ S. 118).

Merkmale Baum mit eiförmiger bis rundlicher Krone, seltener Strauch. Borke graubraun, kleinschuppig. Blätter wechselständig, breit, beidseits mit 3–4 gesägten Lappen, 5–10 cm lang, oberseits glänzend dunkelgrün, unterseits graugrün, lang gestielt. Blüten Mai–Juni, weiß, sehr zahlreich in Schirmrispen. Ab Oktober rundlich eiförmige, etwa 1,5 cm lange, gelbe bis rötlich gelbe Früchte.

Vorkommen In Eichenmischwäldern, an Waldrändern, in Gebüschen, in Sonne und Halbschatten; vom Tiefland bis 900 m Höhe, hauptsächlich im Süden und Südwesten.

Wissenswertes Die kleinen Apfelfrüchte werden erst bei Überreife essbar und schmecken ziemlich sauer.

Stiel-Eiche
Quercus robur   20–40 m

Tipp für unterwegs

Der lange Stiel, an dem 1 bis 3 Eicheln stehen, gab der Stiel-Eiche ihren Namen. Der Fruchtbecher umfasst die Eicheln bis zu einem Drittel.

Merkmale Meist kurzstämmiger Baum mit breiter, runder Krone. Borke dunkel- bis braungrau, tief gefurcht. Blätter wechselständig, verkehrt-eiförmig, unregelmäßig rund gelappt, am Blattgrund meist 2 Öhrchen (kleine Lappen) zum Stiel hin, 7–12 cm lang, sehr kurz gestielt. Blütenkätzchen April–Mai, männliche hellgrün, weibliche knopfartig, rötlich. Ab September bis zu 3,5 cm lange Eicheln, zu 1 bis 3 an einem meist 4–6 cm langen Stiel.
Vorkommen Häufiger, bestandsbildender Wald- und Forstbaum, in Eichen-, Laubmisch- und Auwäldern, vom Tiefland bis 1000 m Höhe; auch als Parkbaum.
Wissenswertes Kann über 1000 Jahre alt werden.

Trauben-Eiche
Quercus petraea   20–40 m

Tipp für unterwegs

Bei der Trauben-Eiche sitzen die Eicheln zu mehreren fast ungestielt in „Trauben" beisammen. Der Fruchtbecher umfasst die Eicheln bis etwa ein Viertel.

Merkmale Baum mit breiter, runder Krone, oft mittelhoher Stamm. Borke graubraun, gefurcht, längsrissig gerippt. Blätter wechselständig, verkehrt-eiförmig, recht regelmäßig gelappt, Blattgrund meist ohne Öhrchen, 8–12 cm lang, um 2 cm lang gestielt. Blüten April–Mai, wie Stiel-Eiche, männliche Kätzchen etwas lockerer. Ab September bis zu 3 cm lange Eicheln zu mehreren an sehr kurzem Stiel.
Vorkommen Nach der Stiel-Eiche die häufigste Eichenart in Forst und Wald, aber eher auf trockenen Standorten.
Wissenswertes Eichen sind lichtliebende Baumarten und können in Mischwäldern von den konkurrenzstarken Rot-Buchen verdrängt werden.

Flaum-Eiche
Quercus pubescens   5–10 m

Tipp für unterwegs

Bestände der Flaum-Eiche finden sich z. B. am Kaiserstuhl, im Saaletal bei Jena, in der Rheinebene und am Mittelrhein, im österreichischen Burgenland, im Elsass und im Wallis bis 1500 m Höhe.

Merkmale Baum mit breiter, locker aufgebauter Krone, oft schiefwüchsig, öfter auch strauchartig. Borke graubraun, rau gefeldert. Junge Zweige und Knospen flaumig behaart. Blätter wechselständig, verkehrt-eiförmig, recht regelmäßig gelappt, 5–10 cm lang, anfangs beidseits flaumig behaart, oben bald verkahlend, unterseits graugrün filzig. Blüten April–Mai, ähnlich wie Stiel-Eiche. Ab September 1–2 cm lange Eicheln, zu 1 bis 4 sitzend oder sehr kurz gestielt.
Vorkommen In trockenen, warmen Wäldern, zerstreut, im südlichen Mitteleuropa und Südeuropa.
Wissenswertes In Mitteleuropa oft zusammen mit der Trauben-Eiche, mit der sie Bastarde bilden kann.

Tipp für unterwegs

Beim Berg-Ahorn sind die 2 hinteren Blattlappen meist deutlich kleiner als die 3 vorderen und die Blattränder gesägt.

Berg-Ahorn
Acer pseudoplatanus

25–30 m

Merkmale Baum mit breiter, oft hoch gewölbter Krone. Borke graubraun, im Alter schuppig. Blätter gegenständig, 5-lappig, grob gesägt, bis zu 20 cm lang und breit, oberseits dunkelgrün, unterseits hell und oft graugrün behaart, lang gestielt. Blüten im Mai, mit dem Laubaustrieb, gelbgrün, in hängenden, langen, traubenartigen Rispen. Ab September Flügelfrüchte mit 2 Nüsschen und 2 recht- bis spitzwinklig zueinanderstehenden Flügeln.

Vorkommen Die am meisten verbreitete Ahornart, in Laubmisch-, Schlucht- und Auwäldern, als Forstbaum, vom Tiefland bis 1700 m Höhe. In Halbschatten und Sonne, an eher feuchten Standorten. Recht häufig auch als Feldgehölz, Park- und Dorfbaum.

Wissenswertes Der Berg-Ahorn kann bis zu 400 Jahre alt werden. Sein fast weißes, recht hartes, aber leicht zu bearbeitendes Holz wird für Möbel, Tischplatten, Furniere, Parkettböden, Musikinstrumente und Billardstöcke genutzt.

Tipp für unterwegs

Die etwa 5 cm langen Flügel der Spitz-Ahorn-Früchte stehen oft fast waagerecht ab. Im Herbst trudeln die Flügelnüsschen durch die Luft und können vom Wind mehrere hundert Meter weit verbreitet werden.

Spitz-Ahorn
Acer platanoides

15–25 m

Merkmale Meist kurzstämmiger Baum mit runder bis kegelförmiger Krone. Borke grau- bis schwarzbraun, lange glatt, später längsrissig. Blätter gegenständig, mit 5, seltener 7 spitzen Lappen, bogig gezähnt, 10–18 cm lang und breit, oberseits glänzend dunkelgrün, unterseits heller, spärlich behaart, langer Blattstiel mit Milchsaft. Blüten April–Mai, vor dem Laubaustrieb, gelbgrün, in kurzen, aufrechten, büscheligen Rispen. Ab September Flügelnüsschen ähnlich wie beim Berg-Ahorn, aber mit stumpfwinklig bis waagerecht abstehenden Flügeln.

Vorkommen Als Wald- und Forstbaum weit verbreitet, hauptsächlich im Tief- und Hügelland, selten über 1000 m Höhe. Häufig als Feldgehölz, Park- und Alleebaum.

Wissenswertes Der Spitz-Ahorn wird im Siedlungsbereich gern gepflanzt, weil er Luftschadstoffe recht gut verträgt und eine schöne gelborange Herbstfärbung aufweist. Eine beliebte Zierform ist der Kugel-Ahorn (→ S. 104).

Großblättrige Weide

2–6 m

Salix appendiculata

Merkmale Breiter, sparrig verzweigter Strauch, seltener kurzstämmiger Baum. Graue Borke. Blätter wechselständig, schmal verkehrt-eiförmig, schwach gekerbt bis grob gezähnt, 5–18 cm lang, oberseits stark runzlig mit 12 bis 15 tief eingesenkten Aderpaaren, große, herzförmige Nebenblätter. Zweihäusig; Blüten April–Mai, vor oder mit dem Laubaustrieb, 2–3 cm lange, eiförmige, gelbgrüne Kätzchen.
Vorkommen In Bergwäldern, alpinen Strauchgesellschaften und Schluchtgebüschen, bis 1900 m Höhe, oft an kühlen, luftfeuchten Nordhängen.
Wissenswertes Bildet öfter Bastarde mit der Sal-Weide (→ S. 34) und ist deshalb in der Blattform variabel.

Grün-Erle

1–3 m

Alnus viridis

Merkmale Breit ausladender bis niederliegender, reich verzweigter Strauch, bildet Ausläufer. Junge Zweige und Blätter klebrig. Blätter wechselständig, sehr variabel, breit eiförmig bis rundlich, zugespitzt, doppelt gesägt, 3–8 cm lang, unterseits auf den Adern behaart, kurz gestielt. Blütenkätzchen April–Juni, männliche gelb und hängend, weibliche (rötlich) sowie Fruchtstände zapfenartig und aufrecht.
Vorkommen Im Hochgebirge und Hochlagen der Mittelgebirge, in den Alpen bis zur Baumgrenze; in Schluchtwäldern, auf Geröllflächen, in kühl-feuchten Lagen.
Wissenswertes Wird in Gebirgslagen zur Bodenbefestigung und Sicherung von Lawinenhängen gepflanzt.

Roter Holunder

2–4 m

Sambucus racemosa

Merkmale Breit aufrechter, sparriger Strauch. Blätter gegenständig, unpaarig gefiedert mit meist 5 eiförmigen bis lanzettlichen, scharf gesägten Teilblättchen, diese 5–8 cm lang. Blüten April–Mai, teils vor dem Laubaustrieb, grünlich weiß, in eiförmigen, 5–10 cm langen Rispen, duftend. Ab Juli scharlachrote, erbsengroße Steinfrüchte.
Vorkommen Wild v. a. in höheren Lagen bis 1800 m, in Berg-, Schluchtwäldern und Gebüschen; recht schattenverträglich. Häufig auch im Siedlungsbereich.
Wissenswertes Die Samen des auch als Trauben-Holunder bekannten Strauchs enthalten Giftstoffe, daher sollten die Früchte nicht roh verzehrt werden.

Tipp für unterwegs

Bei Windbewegung rasseln bzw. klappern die harten, nussähnlichen Samen in den häutigen Kapselfrüchten. Das Geräusch wurde früher „pümpern" genannt, deshalb der Name Pimpernuss.

Gewöhnliche Pimpernuss   2–5 m
Staphylea pinnata

Merkmale Mäßig verzweigter Strauch. Blätter gegenständig, unpaarig gefiedert, mit 5–7 elliptischen, gesägten, bis zu 10 cm langen Teilblättchen, oberseits frischgrün, unterseits blaugrün. Blüten Mai–Juni, weiß bis gelblich, glockenförmig, 5-zählig, in hängenden Rispen, leicht duftend. Ab September blassgrüne, bis zu 5 cm große, blasig aufgetriebene, hängende Kapselfrüchte mit kugeligen, hellbraunen Samen.
Vorkommen Selten, wild nur im Süden Mitteleuropas, bis 800 m Höhe, an Waldrändern, in lichten Laubmischwäldern. Gelegentlich als Feld- und Ziergehölz gepflanzt.
Wissenswertes Pimpernusslikör und -schnaps aus den Samen sind alte bayerische Spezialitäten.

Tipp für unterwegs

Die robuste, genügsame Alpen-Johannisbeere ist abgasfest und deshalb auch öfter im Straßenbegleitgrün und an Autobahnen zu sehen.

Alpen-Johannisbeere   1–2,5 m
Ribes alpinum

Merkmale Breiter Strauch. Zweige unbestachelt. Blätter wechselständig, 3- bis 5-lappig, gekerbt, 2–4 cm lang. Blüten April–Juni, klein, grünlich gelb, duftend, in aufrechten Trauben; männliche (lang, reichblütig) und weibliche (nur 2 bis 5 Blüten) meist an verschiedenen Sträuchern. Ab Juni kleine, rote, fad schmeckende Beeren.
Vorkommen Wild in Mischwäldern und in Gebüschen, in den Alpen bis knapp 1700 m Höhe, aber auch im Tiefland. Wird oft in Feldhecken und an Böschungen gepflanzt.
Wissenswertes Der Strauch erinnert an die Rote Johannisbeere (→ S. 148), doch seine Blätter sind kleiner und unterseits glänzend und die Beeren stehen meist aufrecht.

Tipp für unterwegs

An jungen Pflanzen und noch blütenlosen Trieben sind die ledrigen Efeublätter charakteristisch gelappt.

Efeu   0,5–20 m
Hedera helix

Merkmale Langtriebiger, mit Haftwurzeln an Bäumen kletternder oder am Boden kriechender Strauch. Immergrün; Blätter wechselständig, dunkelgrün mit hellem Adernetz, 5–10 cm lang, 3- bis 5-lappig; an Blütentrieben dagegen ungelappt und rautenförmig. Im Herbst unscheinbare, grünlich gelbe Blüten in Dolden. Kleine, blauschwarze, beerenähnliche Früchte, die im Frühjahr reifen.
Vorkommen Wild in Laubwäldern, in Auen, an Felsen; bevorzugt Schatten und hohe Luftfeuchte, toleriert aber auch Sonne. Häufig gepflanzt, oft in buntblättrigen Kultursorten.
Wissenswertes Alle Pflanzenteile, besonders die Früchte, sind sehr giftig.

Wald: Nadelgehölze

Tipp für unterwegs

Wenn die Fichtenna-deln abfallen, hinter-lassen sie deutliche Stielchen, sodass sich die Zweige sehr rau anfühlen. Bei Tannen dagegen bleiben nach dem Nadelfall nur runde Narben zurück.

Gewöhnliche Fichte, Rot-Fichte   25–50 m
Picea abies

Merkmale Baum mit kegelförmiger Krone und geradem Stamm. Borke rotbraun, im Alter schuppig abblätternd. Immergrün; Nadeln 1–2,5 cm lang, 4-kantig, spitz, steif, dunkelgrün; rundum am Zweig stehend, an der Zweig-unterseite gescheitelt. Blüten Mai–Juni, rund 2 cm große, rötliche Blütenstände. Zapfen zylindrisch, 10–16 cm lang, hellbraun; anfangs aufrecht, dann hängend, fallen ab Spät-winter ab.
Vorkommen In Wäldern in mittel-, süd- und osteuropäi-schen Gebirgslagen sowie in Skandinavien. Als häufigster mitteleuropäischer Forstbaum auch in Tieflagen gepflanzt. Bevorzugt luft- und bodenfeuchte Standorte. Auch in Parks und Gärten, oft in kleineren Zuchtformen.
Wissenswertes Die Rot-Fichte ist auch als „Rot-Tanne" bekannt und wird öfter mit Tannen verwechselt. Wichtige Unterschiede zur Tanne sind die hängenden, nach Samen-reife komplett abfallenden Zapfen und die stielartigen Blattkissen, die abfallende Nadeln hinterlassen.

Tipp für unterwegs

Die Tannennadeln sind oberseits glän-zend dunkelgrün und zeigen an der Unter-seite 2 bläulich wei-ße Streifen. Wenn die reifen Zapfen abfallen, bleibt am Zweig eine dünne Spindel stehen.

Weiß-Tanne, Edel-Tanne   30–50 m
Abies alba

Merkmale Baum mit kegelförmiger Krone und geradem Stamm, im Alter oft mit rundlicher „Storchennestkrone". Borke glatt und grau, im Alter weißgrau und eckig ge-schuppt. Immergrün; Nadeln 1–3 cm lang, flach, an der Spitze stumpf oder eingekerbt, unterseits mit 2 blauweißen Streifen: oft deutlich in 2 Reihen am Zweig. Blüten Mai–Juni, 2–3 cm große, grünliche Blütenstände. Zapfen wal-zenförmig, 10–16 cm lang, braun, aufrecht stehend; hinter-lassen nach dem Abfallen im Herbst eine Spindel am Zweig.
Vorkommen Wild hauptsächlich in mittleren Gebirgslagen Mittel- und Südeuropas; oft in reinen Tannenbeständen, sonst häufig mit Buche, Fichte und Berg-Ahorn.
Wissenswertes Die gegen Luftschadstoffe sehr empfind-lich Weiß-Tanne galt lang als „schwieriger" Forstbaum. Da sie aber mit ihrem tiefreichenden Wurzelsystem recht sturmfest ist und zeitweilige Trockenheit verträgt, wird sie zunehmend gegenüber der Fichte bevorzugt.

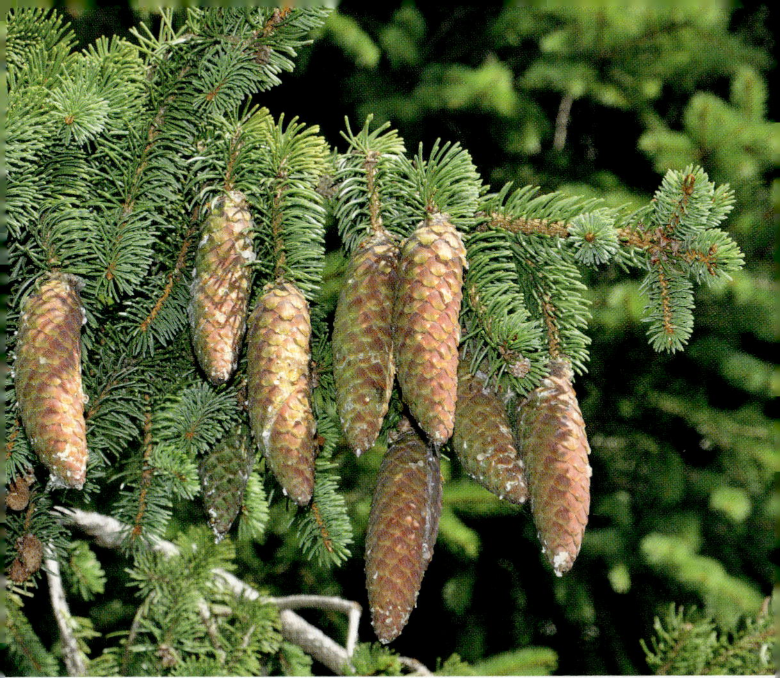
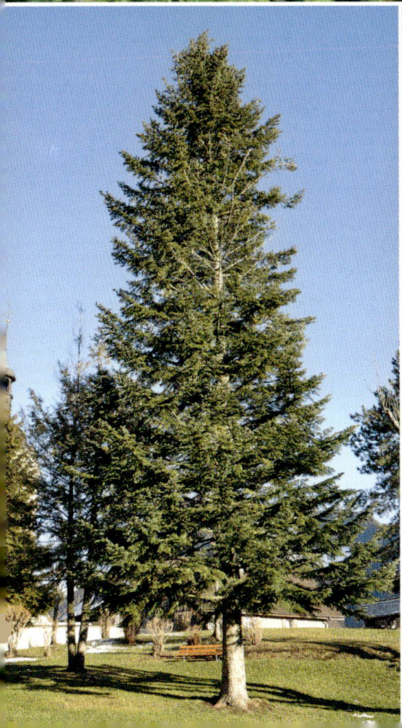
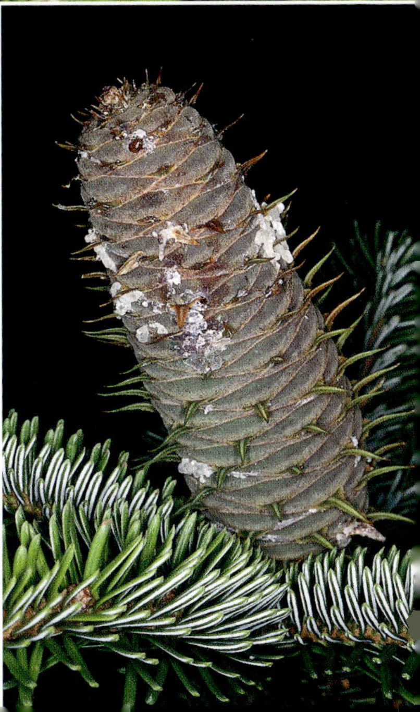

Wald: Nadelgehölze

Tipp für unterwegs

Im Tiefland bildet die Wald-Kiefer oft breite, starkastige Schirmkronen und krumme Stämme, im Gebirge eher schmale Kronen auf geraden Stämmen. Die Äste stehen in lockeren Stockwerken übereinander.

Wald-Kiefer, Föhre 15–40 m
Pinus sylvestris

Merkmale Baum mit kegel- bis schirmförmiger Krone. Borke im unteren Stammbereich grau- bis rotbraun, grob geschuppt; oben rötlich bis fuchsrot, in dünnen Fetzen abblätternd. Immergrün; Nadeln in Zweierbüscheln, 4–8 cm lang, oft gedreht, blau- bis graugrün. Blüten Mai–Juni, kleine, gelbgrüne und rötliche Blütenstände. Zapfen eilänglich, 3–8 cm lang, gestielt, hängend, zur Reife dunkelbraun, mit klaffenden oder zurückgebogenen Schuppen.
Vorkommen Weit verbreitet, vom Tiefland bis in die Alpen bei 1600 m Höhe, seit langem forstlich angebaut.
Wissenswertes Wird in niedrigen Strauch- und Säulenformen auch als Ziergehölz gepflanzt.

Tipp für unterwegs

Unter älteren Zirbel-Kiefern sieht man öfter die Zapfen liegen – mit Fraßstellen von Nagetieren, die die nahrhaften Kerne („Zirbelnüsse") der ungeflügelten Samen herausklauben.

Zirbel-Kiefer, Arve 10–25 m
Pinus cembra

Merkmale Baum mit kegelförmiger, im Alter oft unregelmäßiger Krone. Borke graubraun, im Alter längsrissig. Immergrün; Nadeln 5–10 cm lang, steif, dunkelgrün, meist in Fünferbüscheln. Frühestens ab dem 40. Lebensjahr Blüten im Mai–Juli, kleine, violette und gelbliche Blütenstände. Zapfen eiförmig, 6–8 cm lang, aufrecht, jung blauviolett, später zimtbraun.
Vorkommen In Mittel- und Hochlagen der Alpen und Karpaten. Bevorzugt sonnige, aber kühle, luftfeuchte Lagen.
Wissenswertes Die Zirbel-Kiefer ist zusammen mit der Europäischen Lärche (→ S. 30) prägendes Gehölz der Waldgrenze bis etwa 1800 m Höhe.

Tipp für unterwegs

Wegen des späten Frühjahrsbeginns im Gebirge erscheinen die Blüten erst im Sommer (hier männliche Blütenstände oberhalb eines Zapfens).

Berg-Kiefer, Latschen-Kiefer 1–4 m
Pinus mugo subsp. *pumilio*

Merkmale Strauch, meist niederliegend („latschend"), selten als kleiner, aufrechter Baum. Borke graubraun bis schwarzgrau. Immergrün; Nadeln 2–5 cm lang, in Zweierbüscheln, leicht gekrümmt oder gedreht, derb. Blüten Juni–Juli, kleine, gelbbraune und rötliche Blütenstände. Zapfen eiförmig, symmetrisch, 3–5 cm lang, braun, sitzend.
Vorkommen In Mittel- und Hochlagen süd- und mitteleuropäischer Gebirge, vereinzelt bis 2400 m Höhe. Häufig auch in Zuchtformen als Zwerg-Kiefer in Gärten.
Wissenswertes Die Berg-Kiefer markiert in den Alpen den Krummholzgürtel oberhalb der Waldgrenze und ist auch als Krummholz-Kiefer sowie als Legföhre bekannt.

Tipp für unterwegs

Die Zapfen der Europäischen Lärche wirken geschlossen, weil die Schuppen anliegen. Bei anderen Lärchen stehen sie oft ab oder sind nach außen umgeschlagen. Im Herbst färben sich die Nadeln goldgelb.

Europäische Lärche
Larix decidua

25–40 m

Merkmale Baum mit kegelförmiger Krone, locker aufgebaut, Äste fast waagerecht mit aufgebogenen Spitzen. Borke graubraun, mit rotbraunen Furchen. Nadeln 2–3 cm lang, frischgrün, weich, an Kurztrieben zu 30 bis 40 in Büscheln, an Langtrieben schraubig; fallen nach leuchtend goldgelber Verfärbung im Spätherbst ab. Blüten April–Mai, vor dem Nadelaustrieb, weibliche Blütenstände eiförmig und rötlich, männliche gelb, unscheinbar. Zapfen eiförmig, 2–6 cm lang, braun, aufrecht, mit anliegenden Samenschuppen; nach der Reife noch bis zu 10 Jahre am Baum verbleibend.
Vorkommen In Mitteleuropa wild in den Alpen ab 1600 m Höhe bis zur Waldgrenze; aber auch als weit verbreiteter Forstbaum im Tiefland, ebenso als Parkbaum. Hohe Lichtansprüche, wächst nicht im Schatten anderer Bäume.
Wissenswertes Gelegentlich stößt man in Wäldern, besonders in Norddeutschland, auf die ähnliche Japanische Lärche (→ S. 158), die sonst v. a. in Parks zu sehen ist.

Tipp für unterwegs

Zu den deutlichsten Kennzeichen der Douglasie gehört ihr aromatischer Geruch: Wenn Sie die Nadeln zwischen den Fingern zerreiben, duften sie intensiv nach Orange oder Zitrone.

Douglasie
Pseudotsuga menziesii

25–50 m

Merkmale Baum mit kegelförmiger Krone, im Alter breit abgeflacht; im Forst oft im unteren Stammbereich entastet. Borke graugrün, mit auffallenden Harzblasen, im Alter schwarzbraun, rissig und gefurcht. Immergrün; Nadeln flach, 1,5–4 cm lang, stumpf oder zugespitzt, dunkel- bis blaugrün, unterseits mit 2 weißlichen Längsstreifen; teils regelmäßig gescheitelt, teils in verschiedene Richtungen gespreizt. Blüten April–Mai, kleine, gelbgrüne Blütenstände. Zapfen 5–8 cm lang, ei- bis walzenförmig, mit 3-spitzigen Deckschuppen, braun, hängend, als Ganzes abfallend.
Vorkommen In Nordamerika beheimatet. Wird seit dem 19. Jh. in Mitteleuropa forstlich genutzt und ist v. a. in tieferen Lagen zu finden; außerdem recht häufig in Parks.
Wissenswertes Man unterscheidet die Küsten-Douglasie (var. *menziesii*), die sich eher für das atlantische Klima eignet, und die Gebirgs-Douglasie (var. *glauca*) mit blaugrünen Nadeln, die auch im kontinentalen Klima gut gedeiht.

Lebensraum Landschaft

Wo Felder, Wiesen, Weiden oder Brachflächen und nicht selten auch Straßen das Landschaftsbild bestimmen, sieht man häufig Gehölze in Einzelstellung, in kleinen Gruppen und Hecken. Sie wurden z. B. als Windschutz oder als „Straßenbegleitgrün" gepflanzt. Manche haben sich auch von selbst angesiedelt. Viele dieser Bäume und Sträucher wachsen auch an lichten Waldrändern oder als Ziergehölze in unseren Dörfern und Städten.

Tipp für unterwegs

Die Knospenschuppen, hier an männlichen Kätzchen, sind glänzend braun. Die Form der runzligen Blätter kann recht stark variieren.

Sal-Weide, Palm-Weide   2–10 m
Salix caprea

Merkmale Strauch oder Baum mit oft schiefem Stamm. Borke grau bis braunschwarz. Blätter wechselständig, länglich elliptisch bis rund, 6–10 cm lang, ganzrandig, seltener gezähnt, oberseits graugrün, unterseits dicht graufilzig. Zweihäusig; Blütenkätzchen März–Mai, vor dem Laubaustrieb, meist aufrecht, 2–3 cm lang; männliche eiförmig, anfangs silbrig pelzig, weibliche schmäler, grünlich.
Vorkommen Vom Tiefland bis 1800 m Höhe, häufig; etwa an Kahlschlägen, sonnigen Waldrändern und Steinbrüchen.
Wissenswertes Weiden sind zweihäusig, d. h., es gibt rein männliche und rein weibliche Pflanzen mit entsprechend unterschiedlichen Blütenkätzchen.

Tipp für unterwegs

Die schmalen, etwas runzligen Blätter sind anfangs graugrün, später dunkelgrün und unterseits graufilzig behaart.

Kübler-Weide   5–6 m
Salix × smithiana

Merkmale Straff aufrechter Strauch oder schmalkroniger Baum. Rinde graugrün, Zweige anfangs befilzt. Blätter wechselständig, lanzettlich, ganzrandig, 6–12 cm lang, unterseits graufilzig. Zweihäusig; Blütenkätzchen März–April, vor dem Laubaustrieb, länglich eiförmig, 3–5 cm lang, silbrig grau, später gelb. Fruchtkätzchen grau behaart.
Vorkommen Häufig gepflanztes Feld- und Landschaftsgehölz an sonnigen Plätzen, auch an Straßenböschungen.
Wissenswertes Die Kübler-Weide ist eine Kreuzung aus Sal-Weide und Korb-Weide (→ S. 58). Von ihr werden meist nur männliche Exemplare gepflanzt, die Imker als frühe Bienenweiden besonders schätzen.

Tipp für unterwegs

Die Blattunterseiten wirken mit ihrem dichten Flaum aus weißen Sternhaaren silbrig.

Schmalblättrige Ölweide   6–8 m
Elaeagnus angustifolia

Merkmale Strauch oder Baum mit dichter, breiter, oft unregelmäßiger Krone. Borke graubraun, netzartig längsrissig. Zweige mit 1–3 cm langen Dornen. Blätter wechselständig, schmal lanzettlich, ganzrandig, 4–8 cm lang, oberseits mattgrün, unterseits silbrig weiß. Blüten Mai–Juni, klein, 4-zipfelig, gelb, süßlich duftend. Etwa 1 cm lange, olivenartige Früchte, ab August reifend, essbar und süßlich.
Vorkommen Stammt aus dem östlichen Mittelmeerraum und Kleinasien. Wird als Pionier- und Windschutzgehölz an sonnigen Stellen gepflanzt, auch im Siedlungsbereich.
Wissenswertes Die Ölweide wächst selbst auf kargen Böden und ist trockenheits-, abgas- und salzverträglich.

Tipp für unterwegs

Im freien Stand am sonnigen Platz begegnet einem die Kornelkirsche als aufrechter Großstrauch oder Baum mit runder Krone; im Unterholz größerer Bäume dagegen wächst sie als kleiner, breiter Strauch.

Kornelkirsche, Herlitze
Cornus mas   3–8 m

Merkmale Strauch oder kleiner Baum, oft sparrig verzweigt. Borke graubraun, schuppig. Blätter gegenständig, länglich eiförmig, ganzrandig, 4–10 cm lang, oberseits frisch- bis dunkelgrün, mit 4 bis 5 Seitennervenpaaren. Blüten März–April, vor dem Laubaustrieb, klein, gelb, 4-zipfelig, in Dolden. Ab September eiförmige, glänzend rote Steinfrüchte, bis zu 2 cm lang, hängend.
Vorkommen Vom Tiefland bis 1400 m Höhe, an Wald- und Feldrändern, in Gebüschen und Hecken, häufig gepflanzt.
Wissenswertes Die säuerlich schmeckenden Früchte können nach der Reife roh verzehrt werden, meist verarbeitet man sie jedoch zu Marmelade, Kompott oder Saft.

Tipp für unterwegs

Die Kapselfrüchte, die an eine barrettähnliche Kopfbedeckung katholischer Pfarrer erinnern (Name), sind unverkennbar.

Gewöhnliches Pfaffenhütchen
Euonymus europaeus   1,5–3 m

Merkmale Sparrig verzweigter Strauch, selten auch bis zu 6 m hoher Baum. Zweige graubraun, öfter 4-kantig oder mit 2 bis 4 schmalen Korkleisten. Blätter gegenständig, eiförmig bis lanzettlich, gesägt, 3–8 cm lang, Herbstfärbung orange bis scharlachrot. Blüten Mai–Juni, grünlich, in kleinen Trugdolden. Ab August karminrote Fruchtkapseln, 4-lappig, Samen von orangefarbenem Fleischmantel umgeben.
Vorkommen Häufig, vom Tiefland bis 1200 m Höhe, in Auwäldern, an Waldrändern, in Ufergebüschen, in Feldhecken und im Siedlungsbereich; in Sonne und Halbschatten.
Wissenswertes Vorsicht: Nicht nur die Früchte und Samen, sondern alle Pflanzenteile sind stark giftig!

Tipp für unterwegs

Unterscheidungsmerkmale zur Gewöhnlichen Traubenkirsche: dunkelgrün glänzende Blätter, 2 Wochen spätere Blüte, glatte Steinkerne ohne Furchen.

Späte Traubenkirsche
Prunus serotina   5–20 m

Merkmale Breiter Großstrauch oder Baum mit eiförmiger Krone. Borke graubraun, mit waagerechten Bändern, im Alter schuppig. Blätter wechselständig, verkehrt-eiförmig, fein gesägt, 8–15 cm lang, oberseits glänzend dunkelgrün. Blüten Mai–Juni, klein, weiß, in 10–15 cm langen Trauben. Ab August erbsengroße, dunkelrote bis schwarze Früchte; verarbeitet essbar, aber die glatten Steinkerne sind giftig.
Vorkommen Stammt aus Nordamerika. Häufig als Pionier-, Windschutz- und Ziergehölz gepflanzt; gebietsweise verwildert, mit problematisch starker Ausbreitung.
Wissenswertes Ähnelt der Gewöhnlichen Traubenkirsche (→ S. 62), wächst aber auch an trockenen Standorten.

Tipp für unterwegs

Die recht unauffälligen Blütenkätzchen entfalten sich mit dem Blattaustrieb; die männlichen (rechts) sind walzenförmig und bis zu 7 cm lang, die weiblichen (links) zierlicher.

Gewöhnliche Hainbuche
Carpinus betulus

5–25 m

Merkmale Baum mit hoch gewölbter, rundlicher, oft unregelmäßiger Krone, Stamm oft drehwüchsig, teils mehrstämmig; oft auch strauchartig in Hecken zu sehen. Borke grau, glatt, im Alter netzartig gefurcht. Blätter wechselständig, elliptisch bis eiförmig, scharf doppelt gesägt, 4–10 cm lang, oberseits dunkelgrün, mit 10 bis 15 tief eingesenkten Seitennervenpaaren. Blütenkätzchen im Mai, mit dem Laubaustrieb, gelblich, hängend. Ab September kleine, braune Nüsse (auf dem Foto noch unreif) mit dreilappigem Tragblatt.
Vorkommen Weit verbreitet, vom Tiefland bis ins Mittelgebirge. In Laubmischwäldern, an Wald- und Feldrändern, in Gebüschen und Hecken, als Straßenbaum, in Parks und Gärten. Verträgt Schatten ebenso wie Sonne und Hitze.
Wissenswertes Das auch als Weißbuche bekannte Gehölz ist ausgesprochen robust und anpassungsfähig und kann sich selbst nach starkem Rückschnitt gut regenerieren.

Tipp für unterwegs

Von den Hainbuchenblättern unterscheiden sich die Blätter der Feld-Ulme durch den asymmetrischen Blattgrund, die unterseits nur schwach ausgeprägte Nervatur sowie die weißen Achselbärte.

Feld-Ulme, Rotrüster
Ulmus minor

20–35 m

Merkmale Meist kurzstämmiger Baum mit eiförmiger bis breitrunder, lockerer Krone; in Gehölzgruppen auch strauchig. Borke graubraun, längsrissig, gefurcht. Blätter wechselständig, elliptisch bis eiförmig, am Grund asymmetrisch, doppelt gesägt, 4–10 cm lang, oberseits glänzend dunkelgrün, mit 8 bis 14 tief eingesenkten Seitennervenpaaren, unterseits mit weißen Achselbärtchen. Blüten im März–April, vor dem Laubaustrieb, grün-rötlich, in kleinen, dichten Büscheln. Ab Mai elliptische Flügelnüsschen mit dem Samen in der oberen Hälfte.
Vorkommen Nur im Tief- und Hügelland verbreitet. In Au- und Mischwäldern, oft als Feldgehölz, Allee- und Dorfbaum gepflanzt. Wächst in Sonne und Halbschatten.
Wissenswertes Noch mehr als die Berg-Ulme (→ S. 14) ist die Feld-Ulme vom Ulmensterben bedroht. Mittlerweile gibt es allerdings einige Züchtungen, die gegen diese gefährliche Pilzkrankheit resistent sind.

Tipp für unterwegs

Die Mehlbeere ist hauptsächlich im Süden und Südwesten verbreitet und bevorzugt warme, trockene Standorte. Sie wächst teils auch zerstreut in lichten Laubwäldern.

Gewöhnliche Mehlbeere 6–15 m
Sorbus aria

Merkmale Baum mit breiter, runder Krone, in höheren Lagen auch als Strauch. Borke grau und glatt, im Alter längsrissig. Blätter wechselständig, variabel, meist elliptisch, doppelt gesägt, 6–12 cm lang, derb, oberseits glänzend dunkelgrün, unterseits weißfilzig behaart. Blüten Mai–Juni, weiß, in bis zu 8 cm breiten Schirmrispen. Ab September rotorange, kugelige bis eiförmige Früchte, bis zu 1,5 cm lang.
Vorkommen V. a. in Mittelgebirgslagen. An sonnigen Waldrändern und Hängen, als Feldgehölz und Straßenbaum.
Wissenswertes Die etwas fad und mehlig schmeckenden Früchte lassen sich z. B. zu Marmelade verarbeiten, sind aber roh leicht giftig.

Tipp für unterwegs

Die Blätter sind nur leicht gelappt. Sicherstes Unterscheidungsmerkmal zum Eingriffeligen Weißdorn sind aber die 2 (bis 3) Griffel in den Blüten und entsprechend 2 (bis 3) Samen in den Früchten.

Zweigriffeliger Weißdorn 2–10 m
Crataegus laevigata

Merkmale Sparrig verzweigter Strauch, seltener kleiner Baum mit breiter Krone. Zweige mit bis zu 2 cm langen, spitzen Dornen. Blätter wechselständig, eiförmig, undeutlich gelappt, am Rand kerbig gesägt, 3–5 cm lang, glänzend dunkelgrün, ledrig. Blüten Mai–Juni, klein, weiß, mit 2, seltener 3 Griffeln, zu 5 bis 10 in Doldenrispen. Ab August scharlachrote, eiförmige, ca. 1 cm lange Früchte.
Vorkommen Im Tiefland bis in untere Mittelgebirgslagen verbreitet und häufig. Besiedelt lichte Wälder, Waldränder und Hecken, in der Landschaft oft gepflanzt.
Wissenswertes Im Siedlungsbereich meist in der rotblütigen Sorte 'Paul's Scarlet' zu sehen (→ S. 114).

Tipp für unterwegs

Die Blätter sind meist tief und deutlich eingeschnitten, mit mindestens 3 Lappen.

Eingriffeliger Weißdorn 2–10 m
Crataegus monogyna

Merkmale Sparrig verzweigter Strauch, seltener kleiner Baum, unregelmäßiger Aufbau. Zweige mit bis zu 2,5 cm langen, spitzen Dornen. Blätter wechselständig, tief eingeschnitten, mit 3 bis 7 Lappen, diese an den Spitzen gezähnt, 3–5 cm lang, oberseits matt dunkelgrün. Blütenstände Mai–Juni, wie Zweigriffeliger Weißdorn, Blüten jedoch nur mit 1 Griffel. Ab September dunkelrote, meist kugelige, um 1 cm große Früchte.
Vorkommen Verbreitung wie Zweigriffeliger Weißdorn, aber bevorzugt auf kalkreichen, auch trockenen Böden.
Wissenswertes Robust und windfest, wird öfter für Schutzpflanzungen und zur Bodenbefestigung verwendet.

Tipp für unterwegs

Anders als beim Berg-Ahorn (→ S. 20) sind die Blattränder des Feld-Ahorns nicht gesägt. Im Herbst färbt sich das Laub gelb.

Feld-Ahorn, Maßholder
Acer campestre

5–15 m

Merkmale Kurzstämmiger Baum mit kegelförmiger bis rundlicher Krone oder breiter, dichter Strauch. Borke grau- bis dunkelbraun, im Alter netzartig gefeldert. Junge Zweige oft mit Korkleisten. Blätter gegenständig, 3- bis 5-lappig, 4–12 cm lang, Lappen meist stumpf, oberseits dunkelgrün, unterseits graugrün. Blüten Mai–Juni, mit dem Laubaustrieb, gelbgrün, in aufrechten bis überhängenden Rispen. Ab September Flügelfrüchte mit 2 Nüsschen und waagerecht abgespreizten Flügeln.

Vorkommen Häufig und weit verbreitet, vom Tiefland bis 1000 m Höhe. In Mischwäldern, an Waldrändern und Feldrainen, als Straßen- und Alleebaum, in Parks und Gärten, auch als Heckengehölz. Wächst in Sonne und Halbschatten, bevorzugt leicht feuchte, kalkhaltige Böden.

Wissenswertes Der Feld-Ahorn liefert ein schön gemasertes Holz, oft mit rötlichem Ton, das für Drechselarbeiten sowie Furniere und Möbel geschätzt wird.

Tipp für unterwegs

Die Früchte erinnern an Wildäpfel oder -birnen und sind das einfachste Unterscheidungsmerkmal zur Eberesche (→ S. 118), die zudem meist schmaler wächst und lange Zeit eine glatte Rinde hat.

Speierling
Sorbus domestica

10–20 m

Merkmale Meist kurzstämmiger Baum mit breitrunder Krone. Borke graubraun, kleinschuppig. Blätter wechselständig, unpaarig gefiedert, bis zu 25 cm lang, mit 13 bis 21 Fiederblättchen, diese länglich, gesägt, 3–8 cm lang, unterseits bläulich grün. Blüten Mai–Juni, weiß, um 1,5 cm breit, in 6- bis 12-blütigen, kegelförmigen Doldenrispen mit rund 10 cm ø. Ab September apfel- oder birnenförmige, 2–4 cm große Früchte, gelbgrün bis bräunlich, sonnenseits rötlich.

Vorkommen In Südeuropa und Nordafrika beheimatet; in wintermilden Gebieten Mitteleuropas aus früherer Pflanzungen verwildert und gelegentlich in Mischwäldern, an Waldrändern und als Feldgehölz zu sehen sowie auf Streuobstwiesen, z. B. in Hessen und Baden-Württemberg.

Wissenswertes Die gerbstoffhaltigen Früchte des Speierlings lassen sich erst spät im Herbst genießen, nachdem sie braun und innen teigig geworden sind. Sie werden hauptsächlich Apfelmost und -wein zur Geschmacksabrundung zugesetzt.

Tipp für unterwegs

Die Blätter des Sand-
dorns sind auch
oberseits graugrün
bis leicht silbrig,
anders als bei der
verwandten, oft
deutlich größeren
Ölweide (→ S. 34).

Gewöhnlicher Sanddorn   1–6 m
Hippophae rhamnoides

Merkmale Sparrig verzweigter Strauch oder schiefstämmiger Kleinbaum; kann durch Ausläufer regelrechte Dickichte
bilden. Borke grau, gefurcht. Zweige bedornt. Blätter wechselständig, schmal lanzettlich, ganzrandig, 2–6 cm lang,
oberseits graugrün, unterseits weißlich grau, lange haftend.
Zweihäusig; Blüten April–Mai, vor dem Laubaustrieb, unscheinbare grünliche bis bräunliche Blütentrauben. Ab
September erbsengroße, gelborange bis orangerote Scheinbeeren an den weiblichen Pflanzen.
Vorkommen Natürlich verbreitet in Küstenregionen, im
Alpenraum und im Oberrheingebiet, in lichten Kiefernwäl-
dern und an Waldrändern. Häufig gepflanzt als Feld- und
Pioniergehölz, z. B. an Kiesgruben, auch in Parks und Gärten. Braucht viel Sonne und bevorzugt humusarme Böden.
Wissenswertes Die roh ungenießbaren, sauren Scheinbeeren haben einen sehr hohen Vitamin-C-Gehalt und
lassen sich zu Marmelade, Sirup, Saft und Likör verarbeiten.

Tipp für unterwegs

Wenn sich die
schwarzen Frucht-
hülsen öffnen,
schleudern sie die
Samen mehrere
Meter weit aus.
Dabei rollen sich die
Hülsenklappen auf.

Gewöhnlicher Besenginster   1–2 m
Cytisus scoparius

Merkmale Aufrechter Strauch mit kräftig grünen, kantigen
oder gerieften Zweigen; wirkt durch zahlreiche, oft blattlose
Seitenzweige besenartig. Blätter wechselständig, klein, lanzettlich; an Langtrieben teils einfach und länger haftend,
sonst 3-teilige, kleeähnliche Blätter, die früh im Sommer
abfallen. Schmetterlingsblüten Mai–Juni, 2–3 cm groß,
gelb, selten weiß, zu 1 bis 2 in den Blattachseln, zahlreich,
streng riechend; Zierformen auch mit rötlichen und gelb-
roten Blüten. Ab August flache, schwarze Hülsen.
Vorkommen In West- und Nordwesteuropa heimisch,
fehlt in den Alpen; vielfach auch gepflanzt. Auf Waldlichtungen, an Waldrändern, auf Heiden, an Weg-, Straßen-
rändern und Böschungen, auf Autobahnmittelstreifen,
auch in Gärten. Braucht Sonne und durchlässige, kalkfreie
Böden.
Wissenswertes Vorsicht, alle Pflanzenteile sind giftig.
Besenginster ist recht frost- und windempfindlich, kann
sich aber nach aufgetretenen Schäden gut durch Neuaustrieb regenerieren.

Tipp für unterwegs

Die reifen Früchte sind weiß bis hellblau, die Zweige rötlich. In Gärten sieht man oft die im Winter besonders auffällige Sorte 'Sibirica' (Foto oben links) mit leuchtend korallenroten Zweigen.

Tatarischer Hartriegel 2–4 m
Cornus alba

Merkmale Breit aufrechter Strauch. Zweige mit roter Rinde. Blätter gegenständig, elliptisch bis eiförmig, ganzrandig, 4–10 cm lang, mit 4 bis 8 Nervenpaaren, dunkel- bis blaugrün, unterseits graugrün. Blüten Mai–Juni, klein, gelblich weiß, 4-zipfelig, in Trugdolden. Ab September kugelige, erbsengroße, hellblaue oder weiße Steinfrüchte, ungenießbar.
Vorkommen Beheimatet von Osteuropa bis Ostasien. Wird in der Landschaft gern als Pionier- und Windschutzgehölz, z. B. in Feldhecken, gepflanzt. Verträgt Sonne und Halbschatten, ist sehr frosthart, wind- und abgasfest.
Wissenswertes Dem Boden aufliegende Zweige können sich bewurzeln, sodass der Strauch Dickichte bildet.

Tipp für unterwegs

Die weißen, 4-zähligen Blütchen in den Schirmrispen duften streng und recht unangenehm.

Blutroter Hartriegel 2–5 m
Cornus sanguinea

Merkmale Anfangs straff aufrechter Strauch, später bogig überhängend; oft dickichtartig. Zweige teils blutrot. Blätter gegenständig, länglich eiförmig, ganzrandig, 4–10 cm lang, mit 3 bis 4 bogig aufsteigenden Seitennervenpaaren, unterseits behaart. Blüten Mai–Juni, weiß, 4-zipfelig, in 4–8 cm breiten Schirmrispen. Ab September kugelige, erbsengroße, blauschwarze Steinfrüchte, nur vollreif genießbar.
Vorkommen Häufig, vom Tiefland bis 1500 m Höhe. In lichten Laubwäldern, an Waldrändern, in Feldhecken. Verträgt Sonne und Halbschatten, robust und anpassungsfähig.
Wissenswertes Bildet mit seinen Ausläufern dichte Bestände und eignet sich gut zur Hang- und Uferbefestigung.

Tipp für unterwegs

Die Blüten stehen je zu 2 auf einem gemeinsamen Stiel. Entsprechend erscheinen später auch die Beeren paarweise angeordnet.

Rote Heckenkirsche 1–3 m
Lonicera xylosteum

Merkmale Aufrechter Strauch, Zweige teils überhängend. Blätter gegenständig, breit eiförmig, ganzrandig, 3–6 cm lang, meist beidseits fein behaart. Blüten Mai–Juni, weiß, im Verblühen gelblich, 2-lippig, gut 1 cm lang, süßlich duftend. Ab Juli erbsengroße, kugelige, dunkelrote, glänzende Beeren, paarweise angeordnet; giftig.
Vorkommen Auf kalkhaltigen Böden verbreitet und häufig, in den Alpen bis 1100 m; in Nordwestdeutschland selten. Besiedelt Hecken und Waldsäume und wird in Landschaftshecken gepflanzt. Robust und schattenverträglich.
Wissenswertes In Gebirgslagen wachsen seltenere, ähnliche *Lonicera*-Arten mit roten oder blauschwarzen Beeren.

Liguster
Ligustrum vulgare
2–7 m

Merkmale Breiter, dichter Strauch. Blätter gegenständig, schmal eiförmig bis lanzettlich, ganzrandig, 3–6 cm lang, ledrig, oberseits dunkelgrün glänzend; bleiben in milden Wintern teils bis zum nächsten Frühjahr haften. Blüten Juni–Juli, klein, weiß, in endständigen, 6–8 cm langen Rispen, streng duftend. Ab September kugelige, erbsengroße, schwarze Beeren, lang haftend; schwach giftig.

Vorkommen Häufig und weit verbreitet, bis 1100 m Höhe. In lichten Wäldern, Waldsäumen und Gebüschen. Oft als Feld- und Ziergehölz gepflanzt, dann meist als Hecke.

Wissenswertes Kann mit flachen, aber sehr kräftig wachsenden Wurzeln auch ungünstige Standorte besiedeln.

Tipp für unterwegs

Liguster kann einem in unterschiedlichen Formen begegnen: im freien Stand als straff aufrechter Großstrauch, im Gehölzschatten deutlich kleiner und breitwüchsig, im Siedlungsbereich als Schnitthecke.

Gewöhnliche Berberitze
Berberis vulgaris
1–3 m

Merkmale Strauch, anfangs straff aufrecht, später überhängend. Zweige mit 3-teiligen, 1–2 cm langen Dornen. Blätter wechselständig, länglich elliptisch, gezähnt, 2–4 cm lang. Blüten Mai–Juni, klein, gelb, zu 6 bis 12 in etwa 5 cm langen Trauben, streng duftend. Ab August elliptische, rote, um 1 cm lange Beeren mit säuerlichem Geschmack.

Vorkommen Als Wildgehölz zerstreut, bis 2000 m Höhe, in lichten Wäldern, Waldsäumen und Gebüschen. Vielfach gepflanzt. Wächst in Sonne und Halbschatten.

Wissenswertes Früher ein häufiges Feldgehölz, wurde die Berberitze in manchen Regionen ausgerottet, da sie dem gefährlichen Getreideschwarzrost als Zwischenwirt dient.

Tipp für unterwegs

Die spitzen Dornen der auch als Sauerdorn bekannten Berberitze sind meist 3-teilig. Die gelben Blüten erscheinen in Trauben.

Schlehe, Schwarzdorn
Prunus spinosa
1–3 m

Merkmale Sparrig verzweigter Strauch, bildet oft Dickichte. Kurztriebe oft in Dornen endend. Blätter wechselständig, elliptisch, drüsig gesägt, 3–5 cm lang, oberseits dunkelgrün. Blüten März–April, oft vor dem Laubaustrieb, weiß, bis zu 1,5 cm groß, sehr zahlreich entlang der Zweige, leicht duftend. Ab September kirschgroße, kugelige, schwarze, blau bereifte Früchte mit herb-saurem Geschmack.

Vorkommen Weit verbreitet, vom Tiefland bis 1000 m Höhe; häufig an Waldrändern, in Gebüschen, an Felsenhängen. Robustes Pionier- und Feldgehölz, bevorzugt Sonne.

Wissenswertes Wertvolle Bienenweide. Die Früchte (Schlehen) werden erst nach Frosteinwirkung genießbar.

Tipp für unterwegs

Kurze Seitentriebe sind bei der Schlehe häufig zu langen, spitzen Dornen umgebildet.

Die kleinen Apfelfrüchte färben sich erst rot, bei Reife dann blauschwarz. Die anhaftenden Kelchblätter sind meist zurückgeschlagen.

Gewöhnliche Felsenbirne
Amelanchier ovalis   1–3 m

Merkmale Aufrechter, locker verzweigter Strauch, Ausläufer treibend. Blätter wechselständig, oval bis rundlich, gesägt, 2,5–5 cm lang, oberseits mattgrün, unterseits anfangs dicht filzig behaart. Blüten April–Mai, vor dem Laubaustrieb, weiß, bis zu 2,5 cm breit, zottig behaart, zu 3 bis 10 in aufrechten Trauben, streng duftend. Ab August erbsengroße, kugelige, blauschwarze Früchte, essbar.
Vorkommen Zerstreut, vom Tiefland bis 1800 m Höhe, in lichten Wäldern, Gebüschen, an Felshängen. Gelegentlich als Pioniergehölz gepflanzt. Liebt sonnige, warme Lagen.
Wissenswertes In Gärten und Parks wird oft die attraktivere Kupfer-Felsenbirne (→ S. 80) gepflanzt.

Meist sieht man rote und schon weiter ausgereifte schwarze Früchte im selben Fruchtstand.

Wolliger Schneeball
Viburnum lantana   2–4 m

Merkmale Dicht verzweigter Strauch. Blätter gegenständig, eiförmig, fein gezähnt, 5–12 cm lang, oberseits dunkelgrün, runzlig, unterseits dicht graufilzig. Blüten April–Mai, cremeweiß, klein, in 5–10 cm breiten, 7-strahligen Schirmrispen, streng riechend. Ab September eiförmige, um 8 mm lange, rote und schwarze Steinfrüchte, schwach giftig.
Vorkommen Häufig, vom Tiefland bis 1900 m Höhe. In lichten Wäldern, Hecken und Gebüschen, als Feldgehölz und Böschungsbegrünung, in Schutzpflanzungen, Verkehrsbegleitgrün, Parks und Gärten; in Sonne und Halbschatten.
Wissenswertes Der Wollige Schneeball ist sehr robust und anpassungsfähig, wird deshalb häufig gepflanzt.

Die weich behaarten Blätter der Hasel lassen 6 bis 7 Nervenpaare erkennen. Bei den ähnlichen, meist schmäleren und kaum behaarten Blättern der Hainbuche (→ S. 38) sind es mindestens 10.

Gewöhnliche Hasel
Corylus avellana   2–7 m

Merkmale Breit aufrechter, vielstämmiger Strauch. Blätter wechselständig, rundlich bis breit eiförmig, doppelt gesägt, 5–10 cm lang, mittelgrün, beidseits weich behaart. Blütenkätzchen Februar–April, vor dem Laubaustrieb, männliche gelbbraun, 3–7 cm lang, hängend, weibliche unscheinbar. Ab August rundliche, braune Nüsse, bis zu 2 cm lang, zu 1 bis 4, Fruchthülle becherförmig, mit breiten Zipfeln.
Vorkommen Weit verbreitet, bis 1400 m Höhe. In lichten Wäldern, in Feldgebüschen, Parks und Gärten.
Wissenswertes Die Große oder Lamberts Hasel *(C. maxima)* unterscheidet sich durch etwas größere Nüsse, die ganz von einer behaarten Fruchthülle umschlossen sind.

Hunds-Rose
Rosa canina   1–3 m

Merkmale Breitbuschiger Strauch, überhängend, teils kletternd. Zweige mit hakenförmigen Stacheln. Blätter wechselständig, unpaarig gefiedert, mit 5 bis 7 kahlen, gesägten Teilblättchen. Blüten Juni–Juli, hellrosa, auch weiß oder rot, um 5 cm Ø, schwach duftend. Ab September eiförmige, scharlachrote, bis zu 2,5 cm lange Früchte (Hagebutten).
Vorkommen Häufig, vom Tiefland bis in die Alpen bei 1400 m Höhe. Besiedelt lichte Mischwälder, Waldränder, Hecken, Wegraine. Oft gepflanzt, als Feld- und Pioniergehölz, an Straßen, in Parks und Gärten. Bevorzugt sonnige Plätze.
Wissenswertes Die vitaminreichen Hagebutten lassen sich zu leckeren Marmeladen, Gelees und Säften verarbeiten.

Kartoffel-Rose
Rosa rugosa   1–2,5 m

Merkmale Breit aufrechter Strauch, bildet mit Ausläufern oft Dickichte. Zweige dicht mit Haarfilz, Stacheln und Stachelborsten besetzt. Blätter wechselständig, unpaarig gefiedert, mit 5 bis 9 Teilblättchen, diese bis zu 5 cm lang, gesägt, oberseits dunkelgrün, unterseits graugrün. Blüten Juni–September, tiefrosa bis purpur, seltener weiß, 6–10 cm Ø, duftend. Ab August große, orange- bis ziegelrote, flachkugelige Hagebutten, die sich gut zum Verarbeiten eignen.
Vorkommen Stammt aus Ostasien, in Europa viel gepflanzt und oft verwildert; an Wegrainen, auf Ödland, in Parks.
Wissenswertes Aus der Wildform wurden mehrere verbreitete Strauchrosensorten (→ S. 150) gezüchtet.

Blasenstrauch
Colutea arborescens   1–4 m

Merkmale Breit aufrechter, locker verzweigter Strauch. Blätter wechselständig, unpaarig gefiedert mit 7 bis 13 elliptischen, 1–4 cm langen, glattrandigen, frischgrünen Teilblättchen. Schmetterlingsblüten Mai–August, hellgelb, zu 6 bis 8 in aufrechten Trauben. Ab Juli pergamentartige, aufgeblasene, bräunliche Fruchthülsen, 6–8 cm lang.
Vorkommen Im Mittelmeerraum verbreitet, wild und verwildert bis Südwestdeutschland. Besiedelt warme Waldränder und Trockengebüsche. Wird gepflanzt als Spezialist für Sonne, Hitze und Trockenheit; mäßig frosthart.
Wissenswertes Der Strauch gilt als giftig; nach Einnahme der Samen kann es zu Durchfall und Erbrechen kommen.

Tipp für unterwegs

Die Eibe ist zweihäusig, d. h., die roten Scheinbeeren erscheinen nur an weiblichen Pflanzen.

Gewöhnliche Eibe
Taxus baccata 2–15 m

Merkmale Oft mehrstämmiger Baum. Borke grau- bis rotbraun, schuppig. Immergrün; Nadeln 1–3,5 cm lang, ledrig, weich, oberseits dunkelgrün glänzend, unterseits mit blassgrünen Streifen. Zweihäusig; Blüten März–April, männliche in kugeligen Kätzchen in den Blattachseln, weibliche unscheinbar. Ab September bis zu 1 cm lange Scheinbeeren, dunkler Samen in leuchtend rotem Samenmantel.
Vorkommen Wild selten, fast nur in wintermilden, luftfeuchten Regionen, vom Tiefland bis in 1500 m Höhe, v. a. in Berghangwäldern. Häufig gepflanzt; schattenverträglich.
Wissenswertes Vorsicht, Eiben enthalten in allen Teilen mit Ausnahme des roten Samenmantels giftige Alkaloide.

Tipp für unterwegs

Der auch als Heide-Wacholder bekannte Strauch ist v. a. in den Sandgebieten der Lüneburger Heide und der Lausitz verbreitet sowie in den Kalkgebieten Süddeutschlands, z. B. Schwäbische und Fränkische Alb.

Gewöhnlicher Wacholder
Juniperus communis 2–10 m

Merkmale Sehr vielgestaltiger Strauch, seltener Baum, oft locker kegel- oder säulenförmig. Immergrün; Nadeln bis zu 1,5 cm lang, stechend, zu 3 in Wirteln, bläulich grün, oberseits mit grauweißem Band. Zweihäusig; Blütenstände April–Mai, männliche eiförmig, gelblich, weibliche unscheinbar grünlich. Schwarzblaue, bereifte, rund 1 cm dicke Beerenzapfen, reifen erst im 2. oder 3.Jahr nach der Befruchtung.
Vorkommen Vom Tiefland bis in die Alpen bei 1600 m Höhe, auf Heiden, Magerwiesen, Sandfluren, in lichten Nadelmischwäldern. Lichthungrig und wärmeliebend.
Wissenswertes Kann sich besonders gut ausbreiten, wo weidende Schafe den sonstigen Bewuchs kurz halten.

Tipp für unterwegs

Die Beerenzapfen hängen an hakig gebogenen Stielen und sind nach Abwischen der bläulichen Bereifung schwarz.

Sadebaum, Stink-Wacholder
Juniperus sabina 0,5–2 m

Merkmale Dicht verzweigter Strauch mit meist niederliegenden Trieben. Immergrün; Jugendblätter nadelförmig, bis zu 4 mm lang, Blätter an älteren Zweigen schuppenförmig, beim Zerreiben widerlich riechend. Meist zweihäusig; Blütenstände April–Mai, unauffällig. Ab Herbst erbsengroße Beerenzapfen, hellblau bereift, an gekrümmten Stielen.
Vorkommen Im südlichen Mitteleuropa in Hochgebirgslagen bis gut 2000 m, meist an trocken heißen, sonnigen Felshängen, in Steppenrasen und lichten Nadelwäldern. In teils höheren, säulenförmigen Ziersorten öfter gepflanzt.
Wissenswertes Vorsicht, der Sadebaum enthält in allen Pflanzenteilen hochgiftige, ätherische Öle.

Lebensraum Gewässernähe

Auwälder an Fließgewässern, deren Boden des Öfteren überschwemmt wird, stets sumpfige Bruchwälder und Moore mit nassem, torfigem Boden: Das ist die Domäne von Erlen, Weiden, Pappeln und anderen Spezialisten, die „nasse Füße" vertragen. Teils werden sie gezielt angepflanzt, um Ufer und feuchte Hänge zu befestigen. Einige vertragen auch trockenere Standorte und sind deshalb ebenso als Feld- und Ziergehölze im Siedlungsbereich anzutreffen.

Tipp für unterwegs

Die kleinen, wenig auffälligen Blüten stehen zu mehreren in den Blattachseln.

Tipp für unterwegs

Starker Rückschnitt fördert den Neuaustrieb langer Zweige zum Flechten. So entstanden die typischen Kopf-Weiden.

Tipp für unterwegs

Wegen der blauweißen, abwischbaren Wachsbereifung junger Zweige ist die Reif-Weide auch als Schimmel-Weide bekannt.

Faulbaum, Pulverholz
Frangula alnus   1,5–6 m

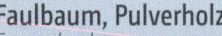

Merkmale Lockerer Strauch, seltener schiefstämmiger Baum. Blätter wechselständig, breit eiförmig, Rand glatt, gewellt, 3–8 cm lang, dunkelgrün, mit 6 bis 9 bogig verlaufenden Nervenpaaren. Blüten Mai–Juli, klein, gelblich weiß, 5-zählig, zu 2 bis 10 in den Blattachseln. Ab August kleine, kugelige, rote, später schwarze Steinfrüchte, giftig.
Vorkommen Fast überall häufig, vom Tiefland bis 1000 m Höhe. In Bruch- und Auwäldern, Gebüschen, Mooren und Heiden; wächst in Sonne bis Halbschatten.
Wissenswertes Verletzte Rinde riecht faulig. Aus der Holzkohle des Faulbaums wurde früher Schießpulver hergestellt, deshalb auch Pulverholz. Vorsicht, in allen Teilen giftig.

Korb-Weide
Salix viminalis   2–10 m

Merkmale Strauch mit schlanken Zweigen oder schiefstämmiger Baum, früh mit hohem Stamm. Blätter wechselständig, schmal lanzettlich, Ränder glatt, nach unten gerollt, bis zu 15 cm lang, mattgrün, unterseits silbergrau behaart. Zweihäusig; Blütenkätzchen März–April, vor den Blättern, walzenförmig, 2–4 cm lang, männliche erst seidig grau, dann gelb, weibliche grün. Ab Mai grauwollige Fruchtkätzchen.
Vorkommen Häufig, v. a. im Tiefland. In Auwäldern, Feuchtwiesen und Ufergehölzen an sonnigen Stellen. Oft gepflanzt, früher zur Nutzung der Zweige als Flechtmaterial.
Wissenswertes Wächst auch in Überschwemmungsgebieten und bildet dort spezielle Wasserwurzeln aus.

Reif-Weide
Salix daphnoides   5–15 m

Merkmale Baum mit ovaler Krone, seltener Großstrauch. Zweige rotbraun, jung oft bläulich weiß bereift, steif, brüchig. Blätter wechselständig, lanzettlich, spitz, fein gesägt, 4–12 cm lang, oberseits glänzend dunkelgrün, unterseits blaugrün. Zweihäusig; Blütenkätzchen Februar–April, vor dem Laubaustrieb, walzenförmig, 2–5 cm lang, männliche anfangs silbrig schimmernd, später gelb, weibliche grünlich.
Vorkommen Wild v. a. in Gebirgsregionen bis 1300 m Höhe, in Bach- und Flussauen; als Pioniergehölz gepflanzt.
Wissenswertes Männliche Exemplare werden wegen der auffälligen und besonders früh erscheinenden Kätzchen auch als Ziergehölze gepflanzt, meist in Strauchformen.

Tipp für unterwegs

Die schmal-zylindrischen männlichen Kätzchen stehen aufrecht und erinnern an kleine Flaschenbürsten.

Silber-Weide
Salix alba   8–25 m

Merkmale Meist kurzstämmiger Baum mit breiter, rundlicher Krone, teils auch strauchartig. Borke grau, längsrissig. Junge Zweige anfangs seidig behaart, später kahl und olivbraun. Blätter wechselständig, schmal lanzettlich, fein und dicht gesägt, 5–10 cm lang, anfangs beidseitig silbrig weiß behaart, später nur noch unterseits; Blattstiele ohne Drüsen. Zweihäusig; Blütenkätzchen April–Mai, mit oder kurz nach den Blättern, 4–7 cm lang, männliche zylindrisch und blassgelb, weibliche schmäler und grünlich.

Vorkommen Weit verbreitet, vom Tiefland bis ins Mittelgebirge; an sonnigen Plätzen in Auwäldern, oft mit Erlen und Pappeln, und in Uferbereichen, v. a. auf kalkhaltigen Ton- und Schlickböden. Zudem häufig gepflanzt, zur Uferbefestigung und als Zierbaum, früher als Korbweide genutzt.

Wissenswertes In Parks sieht man des Öfteren eine eindrucksvolle Zierform der Silber-Weide mit fast senkrecht herabhängenden Zweigen, die als Trauer-Weide (*Salix alba* 'Tristis') bekannt ist.

Tipp für unterwegs

Die Blätter der Bruch-Weide sind oft etwas größer und breiter als die der Silber-Weide, am Rand grob gesägt und ober- wie unterseits unbehaart.

Bruch-Weide
Salix fragilis   5–15 m

Merkmale Baum mit oft krummem Stamm, Krone unregelmäßig rundlich, gelegentlich strauchartig. Borke graubraun, längsrissig. Junge Zweige kahl, gelblich bis bräunlich, brechen am Astansatz leicht ab (deshalb Bruch- oder Knack-Weide). Blätter wechselständig, lanzettlich, gesägt, 10–15 cm lang, beidseits kahl, oberseits glänzend dunkelgrün, unterseits mattgrün, am Blütenstiel unterhalb der Blattspreite einige Drüsen. Zweihäusig; Blütenkätzchen im April, mit den Blättern, recht ähnlich wie die der Silber-Weide.

Vorkommen Ähnliche Lebensräume wie die Silber-Weide, aber etwas seltener. Bevorzugt sommerkühle Standorte und kalkarmen Boden; verträgt Überschwemmung gut.

Wissenswertes Bastardisiert häufig mit der Silber-Weide; solche Naturkreuzungen, die als Fahl-Weide *(Salix × rubens)* bezeichnet werden, sind in vielen Regionen, v. a. im Tiefland, häufiger als die reine Art – und oft schwer von den Elternarten zu unterscheiden.

Tipp für unterwegs

Die rund 1 cm großen, 5-zähligen Blüten stehen zu 15 bis 30 in hängenden Trauben und duften, teils auch etwas streng.

Gewöhnliche Traubenkirsche   3–12 m
Prunus padus

Merkmale Großstrauch oder Baum, Hauptäste straff aufrecht, Zweige überhängend. Borke schwarzgrau, meist glatt. Blätter wechselständig, verkehrt-eiförmig, fein gesägt, 6–12 cm lang, stumpfgrün, runzlig, unterseits bläulich. Blüten April–Mai, klein, weiß, in hängenden Trauben, duftend. Ab Juli erbsengroße, schwarze Früchte; bitter, verarbeitet essbar, aber die grubig gefurchten Steinkerne sind giftig.
Vorkommen Tiefland bis mittlere Lagen, meist nur zerstreut, in Au- und Bruchwäldern, auf feuchten Böden.
Wissenswertes Die Traubenkirsche wird häufig von Gespinstmotten befallen und ist dann bereits im Juni völlig kahl gefressen und mit einem seidigen Gespinst überzogen.

Tipp für unterwegs

Ähnlich erscheint auf den ersten Blick der Faulbaum (→ S. 58), der jedoch unbedornte Zweige und wechselständige, glattrandige Blätter hat.

Echter Kreuzdorn   2–6 m
Rhamnus cathartica

Merkmale Großstrauch oder kurz- und oft schiefstämmiger Kleinbaum, unregelmäßig und sparrig aufgebaut. Zweige an den Spitzen meist dornig. Blätter gegenständig, breit oval, fein gezähnt, 4–6 cm lang, mittelgrün, mit 3 bis 4 bogig verlaufenden Nervenpaaren. Blüten Mai–Juni, klein, gelbgrün, meist 4-zählig, in Trugdolden. Ab September erbsengroße, schwarzviolette Steinfrüchte, giftig.
Vorkommen Zerstreut, nach Süden zu häufiger, Tiefland bis 1600 m Höhe. In Auwäldern, an Waldsäumen, in Weide- und Feldgebüschen; auch an trockenen Standorten.
Wissenswertes Heißt auch Purgier-Kreuzdorn, weil sich die Früchte als Mittel zum Abführen (Purgieren) eignen.

Tipp für unterwegs

Während sich die Moor-Birke im Tiefland zu einem stattlichen Baum mit geradem Stamm entwickelt, wächst sie im Mittelgebirge oft krumm- und gabelstämmig, in Hochlagen meist nur als niedriger Strauch.

Moor-Birke   5–20 m
Betula pubescens

Merkmale Baum mit locker kegelförmiger Krone, teils auch strauchig, Zweige kaum überhängend. Borke weißlich, mit Querbändern. Blätter wechselständig, breit eiförmig, gesägt bis doppelt gesägt, 4–6 cm lang, unterseits wenigstens auf den Adern behaart. Blütenkätzchen April–Mai, mit dem Laubaustrieb, grünlich gelb bis braun, männliche hängend, bis zu 8 cm lang, weibliche kleiner, anfangs aufrecht.
Vorkommen Zerstreut in kühlen Lagen, vom Tiefland bis 2200 m Höhe. In Moor- und Bruchwäldern, torfigen Wiesen, auf feuchten bis nassen, sauren Böden.
Wissenswertes Die schnellwüchsige, reichlich Samen produzierende Moor-Birke kann Ödflächen rasch besiedeln.

Tipp für unterwegs

Wenn im Frühjahr die neuen Kätzchen erscheinen, hängen oft noch die verholzten, deutlich gestielten Fruchtzapfen aus dem Vorjahr am Baum.

Schwarz-Erle
Alnus glutinosa

10–25 m

Merkmale Baum, oft mehrstämmig, mit eiförmiger bis rundlicher, lockerer Krone, Äste fast waagerecht. Borke grau bis schwarzbraun, rissig gefeldert. Winterknospen klebrig, ebenso die jungen, unbehaarten Zweige. Blätter wechselständig, rundlich bis verkehrt-eiförmig, mit abgerundeter, eingekerbter Spitze, doppelt gesägt, 4–10 cm lang, teils klebrig. Blütenkätzchen März–April, vor dem Laubaustrieb, männliche gelblich grün, 5–10 cm lang, weibliche kleiner, rötlich. Fruchtzapfen dunkelbraun, gestielt, zu 3 bis 5.

Vorkommen Im Tiefland und Mittelgebirge bis 1000 m Höhe verbreitet und häufig. In Au- und Bruchwäldern, an Gewässerrändern und feuchten Hängen, in Moorgebieten. Auch auf feuchten bis nassen Böden, in Sonne und Halbschatten.

Wissenswertes Erlen gehen mit Strahlenpilzen im Boden eine Symbiose ein, wodurch sie den Stickstoff in der Luft als Nährstoff nutzen können. Dies und ihre Nässeverträglichkeit macht sie zu wichtigen Pioniergehölzen.

Tipp für unterwegs

Auch bei der Grau-Erle bleiben die verholzten Fruchtzapfen lang am Baum. Anders als bei der Schwarz-Erle sind sie kaum oder nicht gestielt.

Grau-Erle
Alnus incana

8–20 m

Merkmale Baum, oft mehrstämmig, mit kegelförmiger Krone, Äste leicht übergeneigt bis schräg aufrecht; teils dickichtartig durch starke Ausläuferbildung. Borke graugrün bis grau, glatt, mit Korkwarzen. Junge Zweige leicht behaart, nicht klebrig. Blätter wechselständig, eiförmig bis elliptisch, zugespitzt, doppelt gesägt, 5–10 cm lang, unterseits weiß- bis graugrün. Blütenkätzchen März–April, vor dem Laubaustrieb, männliche rötlich braun, bis zu 10 cm lang, weibliche kleiner, rötlich. Fruchtzapfen dunkelbraun, zu 4 bis 8, sitzend oder kurz gestielt.

Vorkommen Vorwiegend in Gebirgslagen bis 1600 m Höhe, in Auwäldern, an Flussufern und feuchten Hängen. Bevorzugt sonnige Plätze in kühlen, feuchten Lagen.

Wissenswertes Mit ihrer intensiven Wurzel- und Ausläuferbildung eignet sich die Grau-Erle gut zur Befestigung von Ufern und nassen Hängen. Sie wurde ebenso wie die Schwarz-Erle nach der Farbe ihrer Borke bzw. Rinde benannt.

Tipp für unterwegs

Im Frühjahr fallen die männlichen Kätzchen durch ihre intensiv rot gefärbten Staubbeutel auf.

Schwarz-Pappel 15–30 m
Populus nigra

Merkmale Breitkroniger, oft krummstämmiger Baum mit kräftigen, aufragenden Ästen. Borke jung hellgrau, später schwärzlich und tief gefurcht. Blätter wechselständig, variabel, dreieckig bis rautenförmig, lang zugespitzt, kerbig gesägt, 5–10 cm lang, beidseits unbehaart. Zweihäusig; Blütenkätzchen März–April, vor dem Laubaustrieb, hängend, 5–8 cm lang, männliche rot, weibliche gelbgrün.

Vorkommen Verbreitet vom Tiefland bis 1400 m Höhe, aber durch zerstörte Aulandschaften recht selten geworden. In Auwäldern, an Fluss- und Seeufern, oft mit Weiden. Braucht Sonne und feuchten, tiefgründigen Boden.

Wissenswertes In der Landschaft und im Siedlungsbereich sieht man öfter die ähnliche Kanada-Pappel *(Populus × canadensis)*, einen Bastard der Schwarz-Pappel mit einer kanadischen Art, mit dichter Krone und annähernd dreieckigen Blättern. Eine häufig gepflanzte Sorte der Schwarz-Pappel ist die schlanke Säulen-Pappel (→ S. 90).

Tipp für unterwegs

Häufig ist die lang glatt bleibende, weißliche Rinde mit rauten- bis kreuzförmigen Rissen überzogen.

Silber-Pappel 15–30 m
Populus alba

Merkmale Baum mit breiter, rundlicher Krone, oft mit Schösslingen an der Stammbasis. Borke weißlich, mit rautenförmigen Rissen, im Alter grauschwarz, gefurcht. Junge Zweige und Knospen weißfilzig. Blätter wechselständig, an Langtrieben 3- bis 5-lappig, gekerbt, 6–12 cm lang, unterseits weiß- bis graufilzig; an Kurztrieben rundlich eiförmig, wellig und gezähnt, unterseits graufilzig. Zweihäusig; Blütenkätzchen März–April, vor dem Laubaustrieb, hängend, 4–8 cm lang, gelbgrün, anfangs mit rötlichen Staubbeuteln bzw. Narben.

Vorkommen V. a. im Süden und Osten verbreitet, vom Tiefland bis 1500 m Höhe, sonst regional eingebürgert. Verstreut in Auwäldern, oft mit Eschen und Ulmen. Wird zum Befestigen von Uferbereichen gepflanzt.

Wissenswertes Ein Bastard zwischen Silber- und Zitter-Pappel (→ S. 14) ist die Grau-Pappel, *Populus × canescens*. Sie hat schwach gelappte Blätter. Knospen, Jungtriebe und Blattunterseiten sind nur dünn und eher grau behaart.

Tipp für unterwegs

Die lang gestielten, „flattrigen" Blütenbüschel verliehen der Flatter-Ulme nicht nur ihren Namen, sondern sind auch das beste Unterscheidungsmerkmal zur Feld-Ulme (→ S. 38) und Berg-Ulme (→ S. 14).

Flatter-Ulme 10–35 m
Ulmus laevis

Merkmale Baum mit breit kegelförmiger, lockerer Krone, oft mit Schösslingen an der Stammbasis. Borke graubraun, schuppig. Junge Zweige behaart. Blätter wechselständig, verkehrt-eiförmig, am Grund asymmetrisch, doppelt gesägt, 6–12 cm lang, oberseits glänzend grün, unterseits dicht grauhaarig. Blüten März–April, vor dem Laubaustrieb, klein, rötlich grün, lang gestielt, in hängenden, dichten Büscheln. Ab Mai lang gestielte, grünliche Flügelfrüchte mit Nüsschen in der Mitte und am Rand bewimpertem, oben kerbig eingeschnittenem Flügel.
Vorkommen In Ost- und Mitteleuropa verbreitet, nach Westen seltener, fast nur im Tiefland. In Au- und Bruchwäldern und feuchten Niederungen. Wird auch zur Uferbefestigung sowie als Park- und Landschaftsbaum gepflanzt.
Wissenswertes Ist gegenüber dem Ulmensterben, einer durch Splintkäfer übertragenen Pilzkrankheit, widerstandsfähiger als andere Ulmen und entsprechend öfter zu sehen.

Tipp für unterwegs

Ein markantes Kennzeichen sind die dicht gebüschelten Flügelnüsse, die früh braun werden und oft über Winter am Baum bleiben.

Gewöhnliche Esche 15–40 m
Fraxinus excelsior

Merkmale Baum mit eiförmiger bis runder Krone und aufstrebenden Ästen. Borke lang glatt und hell olivgrau, im Alter dunkler und rissig gefurcht. Blätter gegenständig, bis zu 40 cm lang, unpaarig gefiedert mit 9 bis 13 lanzettlichen, fein gesägten Teilblättchen, die seitlichen sitzend, die Endfieder kurz gestielt. Blüten April–Mai, vor dem Laubaustrieb, klein, rötlich grün, in überhängenden Rispen. Ab September schmale, zugespitzte, bis zu 3,5 cm lange, bräunliche Flügelnüsse mit der Nuss an der Basis, lang haftend.
Vorkommen Weit verbreitet, vom Tiefland bis 1400 m Höhe, in oft fast reinen Beständen in Au- und Schluchtwäldern. Wird auch zur Uferbefestigung sowie als Feldgehölz gepflanzt. Sonnen- und wärmeliebend.
Wissenswertes Von der Gewöhnlichen Esche gibt es mehrere Zierformen, die in Parks anzutreffen sind, häufig z. B. die bis gut 10 m hohe und breite Hänge-Esche ‘Pendula' mit schleppenartig bis zum Boden hängenden Zweigen.

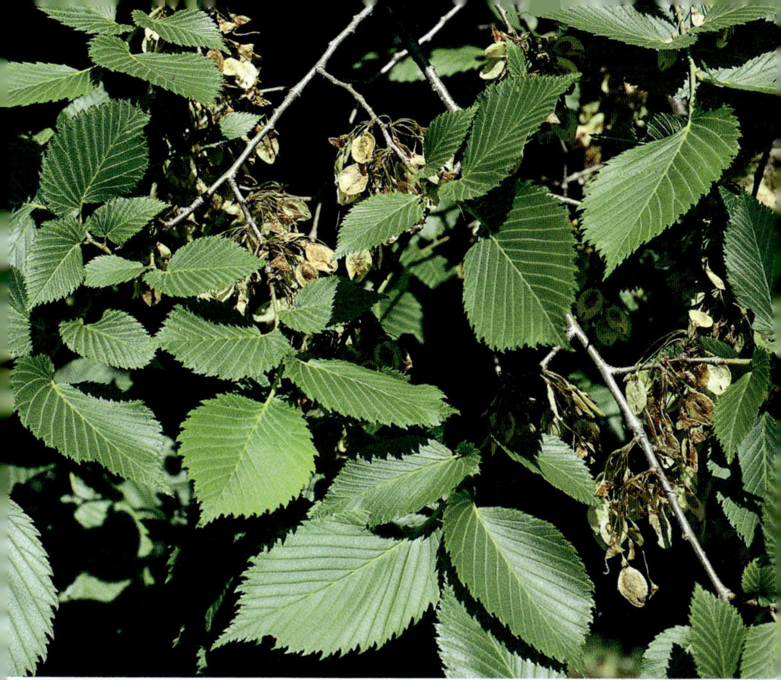

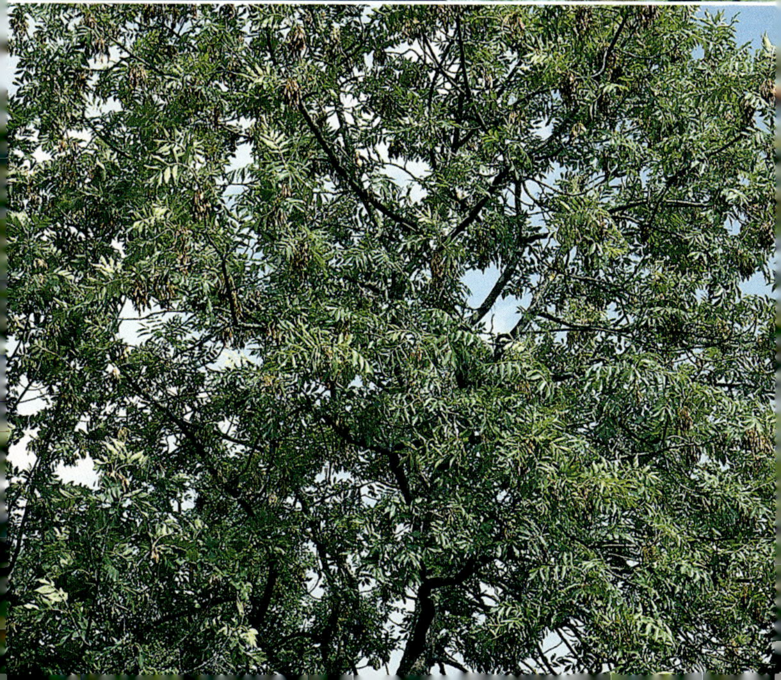

Tipp für unterwegs

Die männlichen Blütenkätzchen zeichnen sich anfangs durch orange Staubbeutel aus.

Grau-Weide, Asch-Weide 3–6 m
Salix cinerea

Merkmale Breiter, oft fast halbkugeliger, dichter Strauch. Junge Zweige und Knospen grau behaart. Blätter wechselständig, verkehrt-eiförmig bis lanzettlich, unregelmäßig gesägt, 6–10 cm lang, oberseits matt dunkelgrün, nicht runzlig, zerstreut behaart, unterseits graufilzig. Zweihäusig; Blütenkätzchen März–April, vor dem Laubaustrieb, zylindrisch, 3–5 cm lang, grünlich bis silbergrau.
Vorkommen Im Tiefland häufig, zerstreut bis 1500 m Höhe. In Bruchwäldern, Feuchtwiesen, Mooren, an Ufern und Gräben. Wird als Pioniergehölz in Feuchtgebieten gepflanzt.
Wissenswertes Die Grau-Weide wächst öfter auch im Verlandungsbereich von Seen, selten dagegen in Flussauen.

Tipp für unterwegs

Die kurz gestielten Blätter sind v. a. am Grund von Kurztrieben oft gegenständig, ansonsten überwiegend wechselständig.

Purpur-Weide 2–6 m
Salix purpurea

Merkmale Vieltriebiger, besenartig verzweigter Strauch, selten kleiner Baum. Zweige lang, dünn und biegsam, purpurrot bis gelbbraun. Blätter wechselständig, teils auch gegenständig; meist lanzettlich, gezähnt, 5–10 cm lang, unterseits blau- bis graugrün. Zweihäusig; Blütenkätzchen März–April, vor dem Laubaustrieb, schmal zylindrisch, 2–5 cm lang, männliche anfangs purpurn, später gelb, weibliche grünlich.
Vorkommen Besonders in Flussniederungen im Tiefland, Mittel- und Vorgebirge verbreitet. An Ufern und Gräben, in Gebüschen und Auwäldern, auf Kies- und Sandbänken.
Wissenswertes Neigt stark zum Bastardisieren mit anderen Weiden und ist deshalb sehr formenreich und variabel.

Tipp für unterwegs

Die Blätter sind noch schmaler als die der Korb-Weide (→ S. 58), und der helle Filz auf der Unterseite wirkt anders als die Behaarung der Korb-Weide nicht schimmernd.

Lavendel-Weide 2–15 m
Salix elaeagnos

Merkmale Strauch mit aufrechten Hauptästen, seltener als Baum. Zweige anfangs graufilzig, dann rötlich braun, nicht biegsam. Blätter wechselständig, lanzettlich bis linealisch, oft zur Spitze hin fein gesägt, Ränder häufig eingerollt, 5–15 cm lang, unterseits weiß- bis graufilzig. Zweihäusig; Blütenkätzchen April–Mai, kurz vor oder mit dem Laubaustrieb, schlank, 3–5 cm lang, meist gekrümmt, gelbgrün.
Vorkommen Wild im Alpenbereich, Schwarzwald, Bodenseeraum und Rheintal; sonst meist gepflanzt, teils verwildert. Auf Kies-, Schotter- und Sandufern und -bänken.
Wissenswertes Die Lavendel-Weide wird öfter zur Rekultivierung, etwa von Kies- und Sandgruben, gepflanzt.

Tipp für unterwegs

Ihre großen, bleibenden Nebenblätter am Grund des Blattstiels helfen, die Ohr-Weide von ähnlichen Arten wie Sal-Weide (→ S. 34) und Grau-Weide (→ S. 70) zu unterscheiden.

Ohr-Weide
Salix aurita

0,5–3 m

Merkmale Breiter, dicht verzweigter Strauch. Junge Zweige anfangs behaart, später rotbraun. Blätter wechselständig, verkehrt-eiförmig, grob und unregelmäßig gesägt, 2,5–5 cm lang, oberseits dunkelgrün, runzlig, unterseits bläulich grün; große, nierenförmige Nebenblätter („Ohren") am Blattstiel. Zweihäusig; Blütenkätzchen April–Mai, meist vor dem Laubaustrieb, eiförmig, 2–3 cm lang, gelbgrün bis silbrig.

Vorkommen Weit verbreitet, vom Tiefland bis 1800 m Höhe. Meist auf feuchten, sauren, nährstoffarmen Böden, in Mooren und Bruchwäldern, auf Feuchtwiesen.

Wissenswertes Die Ohr-Weide wächst oft in Gesellschaft mit Faulbaum, Grau-Weide, Moor-Birke, Erlen und Fichten.

Tipp für unterwegs

Beim Gewöhnlichen Schneeball sind die fruchtbaren Blütchen von größeren, unfruchtbaren Randblüten umgeben, die allein dem Anlocken bestäubender Insekten dienen.

Gewöhnlicher Schneeball
Viburnum opulus

2–4 m

Merkmale Breit aufrechter, dicht verzweigter Strauch, durch Ausläuferbildung oft dickichtartig. Blätter gegenständig, 3- bis 5-lappig, grob gezähnt, 8–12 cm lang, unterseits meist behaart. Blüten Mai–Juni, weiß, 5-zählig, in flachen, bis zu 10 cm breiten Schirmrispen, innen kleine Fruchtblüten, außen größere sterile Randblüten. Ab August kugelige, rund 1 cm große, glänzend rote Steinfrüchte, schwach giftig.

Vorkommen Verbreitet und häufig, vom Tiefland bis 1500 m Höhe. In Auwäldern, an Waldrändern und Ufern, in Landschaftshecken, Parks und Gärten.

Wissenswertes Als Ziergehölz wird oft die Sorte 'Roseum' mit wahren Blütenschneebällen gepflanzt (→ S. 146).

Tipp für unterwegs

Teils bleibt die Waldrebe recht bescheiden in den „unteren Etagen". An günstigen Standorten kann sie aber auch ganze Baumgruppen überwuchern und windet sich selbst an hohen Pappeln empor.

Gewöhnliche Waldrebe
Clematis vitalba

5–15 m

Merkmale Kletterstrauch mit langen, kräftigen Trieben, die sich an anderen Gehölzen hochwinden und mit ihren Blattstielen festhalten. Blätter gegenständig, unpaarig gefiedert mit 5, seltener 3 lang gestielten Teilblättchen, diese ei- bis herzförmig, ganzrandig bis grob gesägt. Blüten Juni–September, rahmweiß, 4-zählig, bis zu 2 cm breit, in Rispen, unangenehm riechend. Ab Oktober Sammelnussfrüchte mit weißzottiger Behaarung, oft über Winter haftend.

Vorkommen Vom Tiefland bis 1500 m Höhe, in Auwäldern, an feuchten Waldrändern und in Gebüschen.

Wissenswertes Vorsicht, Kontakt mit dem Pflanzensaft kann zu Hautreizungen führen.

Lebensraum Siedlung

Gärten, Parks, Stadt- und Dorfstraßen, Obstanlagen: Hier wachsen Bäume und Sträucher in großer Vielfalt, und immer wieder kommen neue „Modegehölze" hinzu. Viele stammen ursprünglich aus anderen Weltgegenden, sind für uns aber längst vertraute Gestalten, so etwa Rosskastanie, Magnolie, Flieder und Lebensbaum. Das gilt auch für Obstgehölze wie Apfel und Birne, an deren Entstehung z. B. westasiatische Wildarten beteiligt waren.

Tipp für unterwegs

Die schmalen, langen, bei Reife violettbraunen Kapselfrüchte erinnern auf den ersten Blick an Bohnen und ähnliche Hülsenfrüchte.

Gewöhnlicher Trompetenbaum 8–18 m
Catalpa bignonioides

Merkmale Kurzstämmiger Baum mit breiter, hoch gewölbter, unregelmäßiger Krone. Borke graubraun, im Alter flach gefurcht. Blätter gegenständig, seltener in 3-er Wirteln, herzförmig, glattrandig, bis zu 20 cm lang, frischgrün, unterseits hellgrün und weich behaart. Blüten Juni–Juli, trompetenförmig, weiß, im Schlund mit gelben Streifen und purpurvioletten Tüpfeln, in 15–30 cm langen Rispen. Ab August 20–40 cm lange, dünne, hängende, bohnenähnliche, bräunliche Kapselfrüchte, ungenießbar.
Vorkommen In Nordamerika beheimatet; Park- und Gartenbaum, hauptsächlich in klimamilden Regionen. Als Jungbaum frostempfindlich, braucht Sonne und Wärme.
Wissenswertes Die Blätter treiben erst spät aus, gegen Ende Mai / Anfang Juni, und fallen oft schon im September, nach fahlgelber Verfärbung, wieder ab. Zuweilen sieht man auch die höchstens 5 m hohe, nicht blühende Form 'Nana' mit kugeliger Krone auf einem langen Stämmchen.

Tipp für unterwegs

Die Kapseln öffnen sich oft erst im Spätwinter, um ihre Samen auszustreuen, und hängen meist noch zur Blütezeit am Baum, nicht selten sogar mehrere Jahre.

Chinesischer Blauglockenbaum 10–15 m
Paulownia tomentosa

Merkmale Baum mit breiter, lockerer Krone, meist schief- und kurzstämmig. Borke hellgrau bis graubraun, jung mit Korkwarzen, im Alter schwach gefurcht. Blätter gegenständig, breit ei- bis herzförmig, ganzrandig, teils an der Basis fein gezähnt, bis zu 35 cm lang, oberseits samtig behaart, unterseits graugrün und filzig behaart; lang gestielt. Ab Herbst orangebraune, behaarte Blütenknospen, die sich April–Mai zu trompetenförmigen, blauvioletten, bis zu 6 cm langen Blüten entfalten, kurz vor oder mit dem Laubaustrieb; in 20–40 cm langen Rispen, leicht duftend. Ab Spätsommer eiförmige, spitze, bis zu 4 cm lange, bräunliche, klebrige Kapselfrüchte.
Vorkommen Stammt aus Ostasien; wird als recht frostempfindlicher Park- und Gartenbaum nur in wintermilden Gegenden gepflanzt. Braucht viel Sonne und Wärme.
Wissenswertes Da die wenig kälteverträglichen Blütenknospen bereits im Herbst angelegt werden, kann nach frostigen Wintern die Blüte komplett ausfallen.

Tipp für unterwegs

Schon im Winter fallen die großen, dicken, behaarten Blütenknospen an den nackten Zweigen auf. Sie sind kältefest, beim Öffnen im Frühjahr dann aber empfindlich gegen Spätfröste.

Tulpen-Magnolie
3–6 m
Magnolia × soulangiana

Merkmale Großstrauch oder kurzstämmiger Kleinbaum, anfangs trichterförmig, später breit ausladend. Borke graugrün bis -braun, recht glatt. Blätter wechselständig, verkehrteiförmig, ganzrandig, 10–18 cm lang, unterseits oft behaart. Blüten April–Mai, meist vor den Blättern, aufrecht, tulpenförmig, später glockenartig geöffnet, bis zu 25 cm Ø; je nach Sorte weiß und außen rosa überlaufen oder dunkelrosa.
Vorkommen Entstand als Kreuzung aus 2 chinesischen Magnolien, 1826 in Frankreich entdeckt. Seit langem die in Gärten und Parks am häufigsten gepflanzte Magnolie.
Wissenswertes Blüht schon als junges Gehölz. Häufig folgt nochmals eine spärlichere Nachblüte im Sommer.

Tipp für unterwegs

Der Stielansatz der etwas runzligen Blätter wird meist von 2 großen Nebenblättern flankiert.

Echte Quitte
4–6 m
Cydonia oblonga

Merkmale Meist als kurzstämmiger, breitkroniger Baum gezogen; natürliche Wuchsform strauchig. Borke graubraun, im Alter teils abblätternd. Blätter wechselständig, eiförmig, ganzrandig, 5–10 cm lang, unterseits dicht filzig behaart, meist mit großen Nebenblättern. Blüten Mai–Juni, weiß bis rosa, 5-zählig, ca. 5 cm Ø. Früchte je nach Sorte apfel- oder birnenförmig, anfangs dicht flaumig behaart, bei Reife ab Ende September goldgelb und duftend.
Vorkommen In wintermilden Gegenden, v. a. in Weinbauregionen, gelegentlich als Obst- und Gartengehölz kultiviert.
Wissenswertes Die Früchte sind roh nicht genießbar, aber verarbeitet, z. B. als Marmelade, sehr schmackhaft.

Tipp für unterwegs

Auffälliges Kennzeichen sind die sehr langen, schmalen, zipfelartigen Kelchblätter, die zwischen den weißen Kronblättern hervorragen.

Echte Mispel
3–6 m
Mespilus germanica

Merkmale Breit ausladender, kurzstämmiger Kleinbaum oder Großstrauch. Wildformen bedornt. Borke graubraun, schuppig. Blätter wechselständig, lanzettlich bis oval, ganzrandig oder sehr fein gesägt, 6–12 cm lang, runzlig, unterseits graugrün filzig. Blüten Mai–Juni, weiß, 5-zählig, mit 4–5 cm Ø. Apfelförmige, rund 3 cm breite, rotbraune Früchte mit Kelchblattzipfeln an der Spitze, im Oktober reifend.
Vorkommen Stammt aus Westasien, wurde bis zum Mittelalter in Europa häufig als Obstgehölz kultiviert. Heute stellenweise verwildert, teils auch als Ziergehölz gepflanzt.
Wissenswertes Die Früchte werden erst nach Frosteinwirkung genießbar und schmecken dann süß-säuerlich.

Tipp für unterwegs

Ähnlich ist der Japanische Blumen-Hartriegel, *Cornus kousa*, mit fast waagerecht ausgebreiteten Ästen, spitzen, weißen Blütenhochblättern und roten Sammelfrüchten, die entfernt an Himbeeren erinnern.

Blumen-Hartriegel 3–6 m
Cornus florida

Merkmale Kurz- und oft mehrstämmiger Baum oder Großstrauch mit breiter Krone. Borke dunkelgrau, im Alter gefeldert. Junge Zweige oft rötlich und bereift. Blätter gegenständig, breit eiförmig, ganzrandig, 7–15 cm lang, oberseits glänzend dunkelgrün, unterseits weißlich. Blüten Mai–Juni, klein, grün, in Trugdolden, die von 4 großen, weißen oder tiefrosa getönten Hochblättern umgeben sind. Ab September eiförmige, scharlachrote Steinfrüchte, ungenießbar.
Vorkommen Stammt aus Nordamerika. Wird in Parks und Gärten gepflanzt, wächst in Sonne und Halbschatten.
Wissenswertes Der Blumen-Hartriegel besticht mit einer sehr attraktiven, tiefroten Herbstfärbung.

Tipp für unterwegs

Die 1–2 cm langen, bei Reife braunen Kapselfrüchte sind zwar weit unauffälliger als die Blüten, können aber ebenfalls zahlreich erscheinen.

Flieder 2–6 m
Syringa vulgaris

Merkmale Strauch mit aufrechten Ästen, oft baumartig gezogen, bildet Ausläufer. Borke graubraun, im Alter längsrissig. Blätter gegenständig, herzförmig bis breit eiförmig, ganzrandig, 5–12 cm lang, oberseits glänzend grün. Blüten April–Juni, 10–20 cm lang, aufrecht, dicht besetzte Blütenrispen, violett, bei Sorten auch weiß, lila, rosa, rot, blau, hellgelb; oft duftend. Ab September eiförmige Kapselfrüchte.
Vorkommen In Südosteuropa beheimatet, seit dem 16. Jh. in mitteleuropäischen Gärten gepflanzt. Stellenweise auf Steinschutt, an Felsen und Mauern verwildert.
Wissenswertes Flieder ist häufig auf einer Wildlingsunterlage veredelt, aus der oft zahlreiche Schösslinge treiben.

Tipp für unterwegs

Recht häufig sieht man in Gärten auch die ähnliche Kahle Felsenbirne *Amelanchier laevis*, mit unterseits kahlen Blättern (Name!) und etwas später geöffneten, ein wenig größeren Blüten.

Kupfer- Felsenbirne 6–8 m
Amelanchier lamarckii

Merkmale Breit aufrechter Großstrauch, seltener baumförmig. Borke hellgrau bis graugrün, im Alter längsrissig. Blätter wechselständig, beim Austrieb kupferrot, später dunkelgrün, unterseits graugrün, fein behaart; länglich eiförmig, fein gesägt, 3–8 cm lang. Blüten April–Mai, klein, weiß, 5-zählig, zu 8 bis 10 in lockeren, überhängenden Trauben. Ab Juli rundliche, etwa 1 cm große Früchte mit aufrechtem Kelch, anfangs rot, reif schwarzpurpurn, essbar.
Vorkommen Stammt aus Nordamerika. Hat sich in Westeuropa seit über 100 Jahren in lichten Laubwäldern eingebürgert, wird häufig in Parks und Gärten gepflanzt.
Wissenswertes Die Früchte sind saftig und schmackhaft.

Tipp für unterwegs

Zur Blütezeit ist die Hänge-Kätzchen-Weide unverkennbar. Im belaubten Zustand erscheint sie fast halbkugelig.

Hänge-Kätzchen-Weide 1,5–3 m
Salix caprea 'Pendula'

Merkmale Gerades Stämmchen, mit lang herabhängenden Trieben. Blätter wechselständig, länglich elliptisch bis rund, 6–10 cm lang, ganzrandig, seltener gezähnt, oberseits graugrün, unterseits dicht graufilzig. Blütenkätzchen März–April, vor dem Laubaustrieb, zahlreich, eiförmig, 2–3 cm lang, silbrig pelzig, mit gelben Staubgefäßen.
Vorkommen In Gärten häufig gepflanzte, auf Stämmchen veredelte Zierform der Sal-Weide (→ S. 34).
Wissenswertes Von der Hänge- oder Trauer-Kätzchen-Weide werden fast ausschließlich männliche Exemplare gepflanzt (teils mit der Sortenbezeichnung 'Kilmarnock'), da sie besonders attraktive Kätzchen bieten.

Tipp für unterwegs

Zunehmend häufiger sieht man die ähnliche, robustere Locken-Weide *(Salix erythroflexuosa)* mit rötlichen Zweigen und hübschen silbrigen, später gelben Kätzchen vor dem Blattaustrieb.

Korkenzieher-Weide 4–8 m
Salix matsudana 'Tortuosa'

Merkmale Großstrauch oder Kleinbaum mit eiförmiger Krone, im Alter schirm- bis trichterförmig. Äste aufstrebend und spiralig gewunden, Zweige und Blätter korkenzieherartig verdreht. Blätter wechselständig, schmal lanzettlich, lang zugespitzt, scharf gesägt, 5–10 cm lang, mattgrün, unterseits graugrün. Blütenkätzchen März–April, während des Laubaustriebs, unscheinbar, grün bis grau.
Vorkommen Cultivar einer ostasiatischen Stammform; des Öfteren in Parks und Gärten gepflanzt.
Wissenswertes Diese Gehölze vergreisen früh und wirken im Alter stark zerzaust. Ein ähnliches Erscheinungsbild bietet die Korkenzieher-Hasel (→ S. 140).

Tipp für unterwegs

Die tief rotbraunen Zweige verfärben sich über Winter noch dunkler und unterscheiden die Frühlings-Tamariske von anderen Tamarisken.

Frühlings-Tamariske 3–4 m
Tamarix parviflora

Merkmale Breiter, lockerer Strauch oder schief- und oft mehrstämmiger Kleinbaum, mit überhängenden, rutenartigen, dunkel rotbraunen Zweigen. Blätter wechselständig bis spiralig angeordnet, schuppenförmig, eilanzettlich, zugespitzt, bis zu 4 mm lang. Blüten April–Mai/Juni, klein, rosa, 4-zählig, zahlreich in 2–4 cm langen, schmalen Trauben.
Vorkommen Beheimatet im Mittelmeerraum. Wird als hitze- und trockenheitsverträgliches Ziergehölz oft gepflanzt; auch als Pioniergehölz und zum Befestigen von Dünen.
Wissenswertes Ähnlich ist die von Juli–September blühende Sommer-Tamariske *(Tamarix ramosissima)* mit grünen bis gelbbraunen Zweigen.

Tipp für unterwegs

Da solche Zierformen meist im freien Stand gepflanzt werden und recht viel Sonne abbekommen, entwickeln sie sich oft sehr ausladend und wachsen mit den Jahren häufig ebenso breit wie hoch.

Geschlitztblättrige Buche   20–25 m
Fagus sylvatica 'Laciniata'

Merkmale Baum mit breit kegelförmiger, im Alter ausladender Krone, Äste gleichmäßig schräg abstehend, dicht verzweigt. Rinde glatt, hell- bis silbergrau. Blätter wechselständig, lanzettlich, zugespitzt, schlitzartig eingeschnitten bzw. fiederspaltig, 5–10 cm lang, dunkelgrün glänzend. Blüten April–Mai, männliche in Büscheln, weibliche in behaarten, später verholzenden, 3-klappigen Fruchtbechern, darin ab September je 2 3-kantige Nüsse (Bucheckern).
Vorkommen In Grünanlagen verbreitete Zierform der Rot-Buche (→ S. 12). Wächst auch an schattigen Plätzen.
Wissenswertes Ähnlich präsentiert sich der Cultivar 'Asplenifolia', auch Farnblättrige Buche genannt, mit teils noch etwas feiner geschlitzten Blättern. Weitere häufig zu sehende Zierformen, mit nicht geschlitzten Blättern, sind die schmal oval wachsende Säulen-Buche 'Dawijck' und die Trauer- oder Hänge-Buche 'Pendula' mit weit überhängenden, oft bis zum Boden reichenden Zweigen.

Tipp für unterwegs

Andere verbreitete rotlaubige Gehölze wie Blut-Pflaume (→ S. 92) und Blut-Hasel (→ S. 140) erreichen bei Weitem nicht die Größe der Blut-Buchen und haben deutlich gesägte Blätter.

Blut-Buche   20–25 m
Fagus sylvatica 'Purpurea'

Merkmale Baum mit breit kegelförmiger, im Alter ausladender Krone, dicht verzweigt; oft auch als Hecke zu sehen. Rinde glatt, hell- bis silbergrau. Blätter wechselständig, eiförmig, am Rand gewellt, 5–10 cm lang, im Austrieb glänzend dunkelrot, später matt schwarzrot, teils zum Herbst hin vergrünend. Blüten April–Mai, männliche in Büscheln, weibliche in behaarten, später verholzenden, 3-klappigen Fruchtbechern, darin ab September je 2 3-kantige Nüsse (Bucheckern).
Vorkommen In Parks häufig zu sehende Zierform der Rot-Buche (→ S. 12); in Gärten meist als Schnitthecke gezogen. Vergrünt im Schatten weitgehend.
Wissenswertes Für die Rotfärbung der Blätter sorgt der Farbstoff Anthocyan, der das Blattgrün überlagert. Rotblättrige Buchen gibt es auch in breiten Hängeformen ('Purpurea Pendula'), in Säulenformen sowie als schmal kegelförmige Bäumchen mit herabhängenden Seitenzweigen.

Tipp für unterwegs

Ein Unterscheidungsmerkmal zur Winter-Linde sind neben den nur mit 2 bis 5 Blüten besetzten Rispen (vgl. → S. 14) auch die hellen Achselbärte in den Nervenwinkeln auf der Blattunterseite.

Sommer-Linde 15–40 m
Tilia platyphyllos

Merkmale Meist kurzstämmiger Baum mit kegelförmiger bis rundlicher Krone. Borke graubraun, flach gefurcht. Blätter wechselständig, schief herzförmig, gesägt, 8–15 cm lang, unterseits mit weißen bis hellbraunen Achselbärten. Blüten im Juni, hell grüngelb, zu 2 bis 5, mit länglichem Tragblatt; duftend. Kugelige, behaarte Früchte, 3- bis 5-rippig.

Vorkommen Der „klassische" Dorfbaum; auch als Feldgehölz, Allee-, Straßenbaum und in Parks häufig gepflanzt. Selten bis zerstreut in artenreichen Laubwäldern, Berg- und Schluchtwäldern, v. a. im Mittelgebirge.

Wissenswertes Blüht rund 2 Wochen früher als die Winter-Linde und treibt auch etwas früher aus.

Tipp für unterwegs

Die Silber-Linde lässt sich anhand ihrer hellgrau bis silbrig befilzten Blattunterseiten von anderen Linden unterscheiden. Auch ihre jungen Zweige sind filzig behaart.

Silber-Linde 10–30 m
Tilia tomentosa

Merkmale Baum mit breit kegelförmiger Krone, Äste spitzwinklig aufstrebend. Borke grau, flach gefurcht. Blätter wechselständig, rundlich bis herzförmig, am Grund meist asymmetrisch, gesägt, 7–13 cm lang, unterseits silbrig grau befilzt. Blüten im Juli, weißlich gelb, zu 5 bis 10, mit länglichem Tragblatt; duftend. Kleine, eiförmige Nussfrüchte.

Vorkommen Stammt aus Südosteuropa und Kleinasien; wird seit gut 200 Jahren als Park- und Alleebaum gepflanzt.

Wissenswertes Im Sommer findet man oft tote, verhungerte Hummeln unter Silber-Linden; möglicherweise, weil diese mit bestimmten Duftstoffen die Hummeln stark anziehen, auch wenn sie kaum noch Nektar zu bieten haben.

Tipp für unterwegs

Die Blattbasis ist meist ausgeprägt herzförmig. Unterseits sind die Blätter kahl oder zeigen höchstens gelbe Achsenbärtchen in den Nervenwinkeln.

Herzblättrige Erle 10–15 m
Alnus cordata

Merkmale Baum mit kegel- bis eiförmiger Krone. Borke graugrün, glatt, oft mit Korkwarzen. Blätter wechselständig, eiförmig mit herzförmiger Basis, fein gesägt, 5–10 cm lang, oberseits glänzend dunkelgrün, unterseits mattgrün. Blütenkätzchen März–April, vor dem Laubaustrieb, 5–10 cm lang, grünlich bis rötlich. Auffallend große, bis zu 3 cm lange, braune, gestielte Fruchtzapfen, zu 2 bis 3.

Vorkommen Stammt aus dem Mittelmeerraum und wird auch Italienische Erle genannt. Robust, anpassungsfähig und stadtklimaverträglich, recht häufig in Grünanlagen, als Stadt- und Landstraßenbaum und Feldgehölz.

Wissenswertes Behält oft bis Ende November die Blätter.

Tipp für unterwegs

In Gärten wachsen heute meist solche schmalen Formen wie die Säulen-Birke 'Fastigiata' und die kleine Hänge-Birke 'Youngii', die nur 4–6 m breit werden.

Säulen-Birke
Betula pendula 'Fastigiata'
15–20 m

Merkmale Baum mit säulen- bis schmal kegelförmiger Krone. Borke weiß, ringelförmig abblätternd, im Alter schwärzlich, längsrissig. Blätter wechselständig, eiförmig zugespitzt bis rautenförmig, doppelt gesägt, 3–6 cm lang, frisch- bis dunkelgrün. Blütenkätzchen April–Mai, vor oder mit dem Laubaustrieb, männliche gelblich braun, hängend, bis zu 10 cm lang; Fruchtkätzchen hängend, walzenförmig.

Vorkommen Cultivar der Weiß-Birke (→ S. 12), oft in Gärten, Grünanlagen und als Alleebaum zu sehen.

Wissenswertes Weitere häufige Zierformen sind die Hänge- oder Trauer-Birken. Die Hängeform 'Tristis' wächst ähnlich stattlich wie die Art, mit vorhangartig überhängenden Zweigen, und wird bis gut 10 m breit. 'Youngii' dagegen ist ein kleiner Baum mit schirmförmiger Krone, die Zweige hängen senkrecht herab, teils bis zum Boden. Von der Weiß-Birke gibt es auch eine rotblättrige Form, die recht klein bleibt und eine schmale, lockere Krone bildet.

Tipp für unterwegs

Neben der kraus abrollenden Borke sind die aufrecht stehenden weiblichen Blüten- und Fruchtkätzchen ein Kennzeichen dieser Birkenart.

Schwarz-Birke
Betula nigra
15–20 m

Merkmale Baum, oft mehrstämmig, mit lockerer, runder bis schirmförmiger Krone. Borke cremeweiß oder gelb- bis rotbraun, kraus aufgerollt, aber nicht ablösend, im Alter fast schwarz. Blätter wechselständig, eiförmig zugespitzt bis rautenförmig, doppelt gesägt, teils auch schmal gelappt, 4–9 cm lang, oberseits glänzend grün, unterseits grau- bis blaugrün. Blütenkätzchen April–Mai, vor dem Laubaustrieb, männliche gelblich, hängend, bis zu 8 cm lang; weibliche Blüten- und Fruchtkätzchen aufrecht, 2,5–4 cm lang.

Vorkommen Im östlichen Nordamerika beheimatet. Zierbaum in Parks und großen Gärten, zuweilen auch als Allee- und Landschaftsbaum.

Wissenswertes Der auch Fluss-Birke genannte Baum verträgt nassen Boden und sogar zeitweise Überschwemmung. In Parks wird er entsprechend gern im Umfeld von Wassergärten und großen Teichen gepflanzt. Auch in Grünanlagen an Flussufern ist er gelegentlich zu sehen.

Tipp für unterwegs

Die Säulen-Pappel treibt etwas früher aus als die Art und trägt nur männliche, auffällig rote Blütenkätzchen.

Säulen-Pappel
Populus nigra 'Italica'

25–30 m

Merkmale Baum mit schmaler, säulenförmiger Krone, die meist weit unten am Stamm ansetzt, mit straff aufrechten Ästen und Zweigen. Borke jung hellgrau, später dunkelgrau und längsrissig gefurcht. Blätter wechselständig, rautenförmig, lang zugespitzt, kerbig gesägt, 5–8 cm lang, glänzend grün. Blütenkätzchen März–April, vor dem Laubaustrieb, hängend, rot, 5–8 cm lang.

Vorkommen Säulenform der Schwarz-Pappel (→ S. 66), die schon im 18. Jh. der Lombardei kultiviert wurde. Früher sehr häufig gepflanzter Straßen- und Alleebaum, auch auf Grünflächen vor großen Gebäuden.

Wissenswertes Viele ältere Exemplare dieser auch als Pyramiden- und Italienische Pappel bekannten Form leiden mittlerweile unter Wipfeldürre, Ast- und Zweigbruch oder Krankheiten, etliche wurden gerodet. Dabei spielen oft zu trockene Standorte eine große Rolle; heute pflanzt man die Säulen-Pappel vorzugsweise auf feuchten Böden.

Tipp für unterwegs

Die Zweige mit den auffällig kleinen Blättern lassen bei näherer Betrachtung oft einen zickzackartigen Wuchs erkennen.

Südbuche, Scheinbuche
Nothofagus antarctica

5–10 m

Merkmale Unregelmäßig aufgebauter Strauch oder Baum, meist kurzstämmig und schiefwüchsig, Äste oft verdreht, sehr variable Wuchsform, dicht fischgrätenartig verzweigt. Borke jung rotbraun und glatt, mit hellen Korkwarzenbändern, im Alter längsrissig und schuppig. Blätter wechselständig, am Rand gewellt und unregelmäßig gekerbt bzw. gesägt, 1–3 cm lang, oberseits glänzend grün, kurz gestielt, im Austrieb aromatisch duftend. Blüten April–Mai, klein, grünlich gelb, unscheinbar. Ab Juli kleine, braune, 4-lappige Fruchtbecher.

Vorkommen Beheimatet in Südamerika, von Chile bis Feuerland. Ziergehölz in Parks und Gärten an sonnigen bis halbschattigen Stellen, recht robust und frosthart.

Wissenswertes Die Scheinbuche ist eins der wenigen Gehölze aus der südlichen Hemisphäre, die bei uns gut gedeihen. In ihrer Heimat, z. B. in den chilenischen Anden, dringt sie als Krummholz bis zur Baumgrenze vor.

Tipp für unterwegs

Die Früchte unterscheiden sich mit ihrer tief geschlitzten, zipfeligen Hülle deutlich von denen der Gewöhnlichen Hasel (→ S. 50) – und enthalten nicht ganz so schmackhafte Nüsse.

Baum-Hasel
Corylus colurna 10–18 m

Merkmale Baum mit breit kegelförmiger Krone. Borke grau bis graubraun, längsrissig, schuppig. Blätter wechselständig, breit eiförmig, doppelt gesägt, oft ansatzweise gelappt, 6–15 cm lang, nur unterseits auf den Blattnerven behaart, lang gestielt. Blütenkätzchen Februar–April, vor dem Laubaustrieb, männliche gelbbraun, 6–12 cm lang, hängend, weibliche unscheinbar. Ab September, bis zu 1,5 cm lange Nüsse mit tief geschlitzter Fruchthülle, in Büscheln.
Vorkommen In Südosteuropa und Kleinasien beheimatet. Wird als Straßenbaum und in Grünanlagen gepflanzt.
Wissenswertes Beliebter Stadtbaum, da sehr trockenheits- und hitzetolerant sowie abgasverträglich.

Tipp für unterwegs

Die Blut-Pflaume wächst meist kurzstämmig, oft mit rundlicher Krone.

Blut-Pflaume
Prunus cerasifera 'Nigra' 4–8 m

Merkmale Strauch oder kurzstämmiger Baum mit kegelförmiger bis breit runder Krone. Borke graugrün, gefurcht; Zweige rotbraun, teils bedornt. Blätter wechselständig, elliptisch bis eiförmig, fein gesägt, 4–6 cm lang, glänzend dunkel- bis schwarzrot. Blüten März–April, vor oder mit den Blättern, 5-zählig, rosa, bis zu 2,5 cm ø, in Büscheln. Ab August bis zu 3 cm große, dunkelrote Pflaumen, süßsauer und saftig.
Vorkommen In Gärten und Parks häufige Zierform der aus Westasien stammenden Kirschpflaume (Myrobalane).
Wissenswertes Die grünblättrige Stammart *Prunus cerasifera* hat weiße Blüten und gelbe bis rote Früchte, wird gelegentlich als Landschaftsgehölz gepflanzt.

Tipp für unterwegs

Der kleinste unter den gewöhnlich gepflanzten Kugelbäumen; er lässt sich auch anhand seiner Blätter leicht etwa von Kugel-Ahorn (→ S. 104) und Kugel-Robinie (→ S. 122) unterscheiden.

Kugel-Steppen-Kirsche
Prunus fruticosa 'Globosa' 3–5 m

Merkmale Kleinbaum mit kugeliger Krone, meist auf rund 2 m hohen, geraden Stämmchen. Blätter wechselständig, schmal eiförmig, gesägt bis gezähnt, 3–5 cm lang, glänzend grün, ledrig. Blüten im April, mit dem Laubaustrieb, klein, weiß, 5-zählig, in Büscheln. Ab Juli kirschenähnliche, dunkelrote, sauer schmeckende Früchte; selten.
Vorkommen Cultivar der in Europa heimischen, aber seltenen Steppen- oder Zwerg-Kirsche *(Prunus fruticosa)*, die als kleiner Strauch wächst. Wegen seiner bescheidenen Größe ein in Gärten zunehmend beliebter Kugelbaum.
Wissenswertes Wird meist auf den Stamm einer Vogel-Kirsche (→ S. 96) veredelt.

Tipp für unterwegs

Alte, verwilderte Kultur-Apfelbäume bringen nur kleine Früchte hervor, haben dicht verzweigte, innen oft kahle Kronen und sind kaum vom wilden Holz-Apfel (→ S. 16) zu unterscheiden.

Kultur-Apfel
Malus domestica   1,5–15 m

Merkmale Vielgestaltig, vom breitkronigen Baum bis zum schmalen, kleinen Säulenbaum. Borke graubraun, schuppig. Blätter wechselständig, eiförmig, gesägt, 6–12 cm lang, oberseits glänzend dunkelgrün. Blüten April–Mai, weiß, außen oft rötlich überlaufen, 3–5 cm breit, 5-zählig, in Büscheln. Früchte mit mindestens 5 cm ø, zur Reife (zwischen August und Oktober) je nach Sorte rot, gelb oder grün.
Vorkommen In Gärten, Obstanlagen und -wiesen. Vor Jahrtausenden aus verschiedenen Wildarten entstanden.
Wissenswertes Kultur-Apfelsorten sind wie fast alle Baumobstarten auf die Stammbasis anderer Arten (Unterlagen) veredelt, die Wuchsstärke und -form beeinflussen.

Tipp für unterwegs

Selbst weiß und zartrosa blühende Sorten haben tief rosarot gefärbte Blütenknospen, noch stärker ausgeprägt als bei manchen Kultur-Apfelsorten. Die Blüten duften oft sehr angenehm.

Zierapfel
Malus-Hybriden   2–10 m

Merkmale Breitkroniger Kleinbaum oder Strauch, Zweige oft überhängend. Borke graubraun, längsrissig. Blätter wechselständig, länglich eiförmig, teils gelappt, gesägt, 3–8 cm lang, bei manchen Sorten im Austrieb tiefrot. Blüten Mai–Juni, sehr zahlreich, 5-zählig, 3–6 cm groß, in Büscheln, je nach Sorte weiß, rosa oder rot, teils gefüllt. Lang gestielte, meist nur kirschgroße, sauer schmeckende Früchte, ab September in kräftigem Gelb, Orange oder Rot.
Vorkommen Häufig gepflanzte Kreuzungen aus verschiedenen reich blühenden Apfelarten, in zahlreichen Sorten.
Wissenswertes Die Früchte bleiben meist bis Ende Dezember an den Zweigen haften.

Tipp für unterwegs

Die weißen Blüten haben oft auffällig rote Staubbeutel und riechen etwas streng und unangenehm.

Kultur-Birne
Pyrus communis   1,5–25 m

Merkmale Baum mit schmal kegelförmiger Krone; in Gärten meist in kleinen Baum- und Säulenformen. Borke graubraun, tief gefeldert. Blätter wechselständig, eiförmig bis elliptisch, fein gesägt oder gekerbt, 4–8 cm lang, ledrig, oberseits glänzend dunkelgrün, lang gestielt. Blüten April–Mai, 5-zählig, in Doldentrauben, weiß, 2–3 cm breit, streng riechend. Früchte in typischer Birnenform, zur Reife (ab August) je nach Sorte grün, gelb oder rötlich.
Vorkommen In Gärten, Obstanlagen und -wiesen. Vor Jahrtausenden aus verschiedenen Wildarten entstanden.
Wissenswertes Wegen ihrer Kälteempfindlichkeit werden Birnen oft als Spalierobst an einer Hauswand gezogen.

Süß-Kirsche, Vogel-Kirsche   2–20 m
Prunus avium

Merkmale Baum mit hoch gewölbter Krone und aufwärts strebenden Ästen; in Gärten meist in kleinen Baumformen. Borke grau- bis rotbraun, glänzend, mit Korkwarzen, in waagerechten Streifen ablösend. Blätter wechselständig, eiförmig bis elliptisch, gesägt, 5–15 cm lang. Blüten April–Mai, vor dem Laubaustrieb, 5-zählig, weiß, um 3 cm ø, lang gestielt, zu 2 bis 4 in Dolden. Ab Ende Mai süße Steinfrüchte mit rundlichem Kern, rot bis schwarzrot oder gelblich; bei der Wildform schwarz, unter 1 cm dick, bittersüß.
Vorkommen In Gärten, Obstanlagen und -wiesen. Als Wildform zerstreut am Rand von Laub- und Mischwäldern.
Wissenswertes Intensiv gelboranges bis rotes Herbstlaub.

Sauer-Kirsche, Weichsel   1,5–12 m
Prunus cerasus

Merkmale Breitkroniger Baum; in Gärten meist in kleinen Baumformen. Borke grau- bis rotbraun, glänzend, mit Korkwarzen, in waagerechten Streifen ablösend. Blätter wechselständig, eiförmig bis elliptisch, gesägt, 6–12 cm lang, etwas ledrig, kurz gestielt. Blüten April–Mai, vor dem Laubaustrieb, 5-zählig, weiß, um 2,5 cm ø, lang gestielt, zu 2 bis 4 in Dolden. Ab Juni säuerlich schmeckende Steinfrüchte mit rundlichem Kern, hellrot bis dunkelbraunrot.
Vorkommen In Gärten, Obstanlagen und -wiesen. Stellenweise aus alten Pflanzungen verwildert.
Wissenswertes Ältere, wenig geschnittene Bäume haben oft lang herabhängende, dünne, peitschenartige Triebe.

Japanische Blüten-Kirsche   3–12 m
Prunus serrulata

Merkmale Meist baumartig, teils auch mehrstämmig; je nach Sorte breit mit aufrechten oder überhängenden Ästen oder säulenförmig. Borke ähnlich wie Süß-Kirsche. Blätter wechselständig, eiförmig, am Rand mit spitzen, kurz begrannten Zähnen, 6–15 cm lang. Blüten April–Mai, bis 5 cm breit, in Rosatönen, seltener weiß, meist halb bis dicht gefüllt, zahlreich entlang der noch unbeblätterten Zweige.
Vorkommen Stammform in Ostasien beheimatet; Sorten häufig in Gärten und im öffentlichen Grün zu sehen.
Wissenswertes Ähnlich präsentieren sich die Sorten der Higan-Kirsche *(Prunus subhirtella)*, oft mit weit überhängenden Zweigen und fast halbrunder Krone.

Tipp für unterwegs

Die Stiele der zu 2 oder 3 zusammenstehenden Blüten sind flaumig behaart.

Zwetschge, Pflaume
Prunus domestica   1,5–15 m

Merkmale Baum, oft mit steilwüchsigen Ästen; in Gärten meist in kleinen Formen. Borke graubraun, schuppig. Blätter wechselständig, eiförmig, gesägt, 4–10 cm lang, unterseits teils dicht behaart. Blüten April–Mai, vor oder mit den Blättern, 5-zählig, weiß oder grünlich weiß. Früchte ab August: Zwetschgen eiförmig, blau bis violett, mit leicht vom Fruchtfleisch lösendem Kern; Pflaumen groß, rundlich, blauviolett, rot oder grüngelb, mit schwer lösendem Kern.
Vorkommen In Gärten, Obstanlagen und -wiesen.
Wissenswertes Unterarten sind die Mirabelle mit kleinen, kugeligen, gelben Früchten und die Reneklode mit rundlichen, grüngelben oder rötlichen Früchten.

Tipp für unterwegs

Obstanlagen oder -wiesen mit Pfirsichen finden sich fast nur in Weinbauregionen, v. a. an der Mosel, am Mittelrhein, in der Pfalz sowie am Bodensee.

Pfirsich
Prunus persica   1,5–10 m

Merkmale Baum mit ausladender, recht flacher Krone; in Gärten oft in kleinen Baumformen. Borke grau, rau, flach gefurcht. Blätter wechselständig, lanzettlich, über der Mitte am breitesten, scharf gesägt, 8–15 cm lang. Blüten März–April, vor oder mit dem Laubaustrieb, 5-zählig, tiefrosa, um 3 cm ø. Ab Juli 5–7 cm dicke, gelbrote Früchte mit tief gefurchtem, leicht lösendem Stein, filzig behaart.
Vorkommen Stammt ursprünglich aus China. In Gärten und Obstanlagen, vorwiegend in wintermilden Regionen.
Wissenswertes Recht frostempfindlich, wird deshalb oft als Spalierobst an einer warmen Hauswand gezogen. Nektarinen sind eine Varietät mit unbehaarten Früchten.

Tipp für unterwegs

Das einzige größere, zusammenhängende Aprikosenanbaugebiet in Deutschland ist das Mansfelder Land im östlichen Harzvorland.

Aprikose, Marille
Prunus armeniaca   1,5–8 m

Merkmale Baum mit ausladender, recht flacher Krone; in Gärten auch in kleinen Baumformen, oft als Spalierobst an einer Wand. Borke rot- bis graubraun, schmal gefurcht. Blätter wechselständig, breit eiförmig bis herzförmig, gesägt, 5–10 cm lang, mit dunkelrotem Stiel. Blüten März–April, vor dem Laubaustrieb, 5-zählig, weiß, teils rosa, um 2,5 cm ø, fast sitzend. Ab Juli etwa 3 cm dicke, gelbe, teils rot überlaufene, fein behaarte Früchte; leicht lösender Stein.
Vorkommen In der Römerzeit aus Asien eingeführt. Recht selten in Gärten und Obstanlagen, da sehr wärmebedürftig.
Wissenswertes Aprikosen und Pfirsiche sind in Gärten zunehmend als höchstens 2 m hohe Zwergbäume zu sehen.

Tipp für unterwegs

Männliche und weibliche Kätzchen stehen getrennt. Die weiblichen haben weiße, federartige Narben.

Schwarzer Maulbeerbaum
Morus nigra   6–15 m

Merkmale Meist kurzstämmiger, rundkroniger Baum. Borke grau- bis rotbraun, gefurcht. Blätter wechselständig, meist herzförmig, grob gezähnt, 6–18 cm lang, teils auch asymmetrisch 2- bis 5-lappig, oberseits rauhaarig, unterseits weichhaarig. Blüten Mai–Juni, klein, hellgrün, in kätzchenartigen, 1–4 cm langen Ständen. Ab August brombeerähnliche, dunkelrote bis schwarzviolette Sammelfrüchte mit angenehm süß-säuerlichem Geschmack.
Vorkommen In Südeuropa verbreitet, in wintermilden Gegenden Mitteleuropas gelegentlich gepflanzt.
Wissenswertes Die ähnliche Weiße Maulbeere *(Morus alba)* bildet weiße bis rosa, wenig schmackhafte Früchte.

Tipp für unterwegs

Am Grund der langen männlichen Blütenkätzchen stehen die unscheinbaren weiblichen Blütenstände in kleinen Gruppen.

Ess-Kastanie, Marone
Castanea sativa   10–30 m

Merkmale Baum mit ausladender, hochgewölbter Krone. Borke graubraun, längsrissig. Blätter wechselständig, länglich lanzettlich, gezähnt, 10–25 cm lang, oberseits glänzend dunkelgrün. Blüten Juni–Juli, männliche gelblich, in 10–20 cm langen, aufrechten Kätzchen, an deren Basis die unscheinbaren weiblichen Blütenstände. Ab September stachelige Fruchthülle, in der bis Oktober die braunen, glatten, essbaren Nussfrüchte (Maronen) heranreifen.
Vorkommen Beheimatet in Süd- und Südosteuropa. In manchen Weinbauregionen als Park- und Landschaftsbaum, gelegentlich auch in Laubmischwäldern.
Wissenswertes Ist auch als Edel-Kastanie bekannt.

Tipp für unterwegs

Im Frühjahr fallen die Blütenköpfchen nur durch ihre roten Staubgefäße auf, Kron- und Kelchblätter fehlen.

Eisenholzbaum
Parrotia persica   5–8 m

Merkmale Ausladender, halbrunder Großstrauch oder Kleinbaum mit aufrechten Hauptästen. Borke grau, glatt, im Alter platanenartig abblätternd. Blätter wechselständig, verkehrteiförmig, gewellt, vordere Hälfte kerbig gezähnt, 6–12 cm lang, oberseits glänzend grün; sehr auffällige, gelb- bis purpurrote Herbstfärbung. Blüten März–April, ohne Kronblätter, mit roten Staubgefäßen, in köpfchenartigen Büscheln. Ab Sommer unscheinbare, kleine Kapselfrüchte.
Vorkommen Stammt aus dem Nordiran und Kaukasus. Wärmeliebendes Ziergehölz in Parks und großen Gärten.
Wissenswertes Der Name „Eisenholzbaum" bezieht sich auf das harte, sehr schwere Holz.

Tipp für unterwegs

Die gesägten Blätter mit den markanten Nervenpaaren erinnern auf den ersten Blick an die Hainbuche, stehen aber gegenständig am Zweig und sind meist schmaler.

Hainbuchen-Ahorn
Acer carpinifolium

5–10 m

Merkmale Kurzstämmiger Baum oder Großstrauch mit breit kegelförmiger bis rundlicher Krone. Borke graugrün, meist mit vielen verstreuten Korkwarzen. Blätter gegenständig, länglich lanzettlich mit lang ausgezogener Spitze, doppelt gesägt, 8–12 cm lang, mittel- bis dunkelgrün, mit 18 bis 25 tief eingesenkten parallelen Seitennervenpaaren, kurz gestielt; bis in den Winter hinein haftend. Blüten im Mai, grüngelb, klein, zu 5 bis 15 in lang gestielten, hängenden Trauben. Ab September paarige Flügelnüsschen mit fast rechtwinklig zueinanderstehenden Flügeln.

Vorkommen In Bergwäldern Japans beheimatet. Wird in Parks und Gärten gelegentlich als Ziergehölz gepflanzt; sehr winterhart. Ist recht häufig auch in Botanischen Gärten zu sehen.

Wissenswertes Mit ihren „ahornuntypischen" und hainbuchenähnlichen Blättern sorgt diese Art manchmal für Verwirrung. Da die Hainbuche (→ S. 38) aber wechselständige Blätter hat, fällt die Unterscheidung leicht.

Tipp für unterwegs

Die Spaltfrüchte mit den meist V-förmig stehenden Flügeln bleiben oft bis zum Frühjahr haften. Sie sind bei uns in der Regel „taub", d. h., sie enthalten keine keimfähigen Samen.

Eschen-Ahorn
Acer negundo

10–20 m

Merkmale Baum, oft mehrstämmig, mit breiter, meist lockerer und unregelmäßiger Krone. Borke grau- bis graubraun, lange glatt, längsrissig. Blätter gegenständig, unpaarig gefiedert mit 3 bis 7 Teilblättchen, diese eiförmig, unregelmäßig gesägt, seltener gelappt, 5–10 cm lang; bei den häufig gepflanzten Sorten weiß oder gelb gerandet. Zweihäusig; Blüten März–April, vor oder mit dem Laubaustrieb, männliche rötlich, lang gestielt in hängenden Büscheln, weibliche gelb in Rispen. Ab September paarige Flügelnüsschen mit spitzwinklig stehenden Flügeln.

Vorkommen Stammt aus Nordamerika. Wurde im 17. Jh. nach Europa eingeführt und seither sehr häufig als robuster Zier- und Landschaftsbaum gepflanzt.

Wissenswertes Im Siedlungsbereich sieht man meist buntlaubige Zierformen, die oft nur 5 m Höhe erreichen und meist 3-lappige Blätter haben. Verbreitet sind Sorten mit breiten, weißen oder gelben Rändern sowie teils rosa überhauchten Blättern bzw. Blatträndern.

Tipp für unterwegs

Mit seinen „akkurat" gelappten, ganzrandigen, dünnen Blättern unterscheidet sich der Kolchische Ahorn von den meisten anderen Ahornen. Der lange Blattstiel führt Milchsaft.

Kolchischer Ahorn   10–15 m
Acer cappadocicum

Merkmale   Kurzstämmiger Baum mit breit rundlicher, lockerer Krone. Borke grau bis graugrün, undeutlich hell gestreift. Blätter gegenständig, mit 5 bis 7 3-eckigen, ganzrandigen Lappen mit ausgezogener Spitze, 8–14 cm breit, lang gestielt; auffällige, goldgelbe Herbstfärbung. Blüten Mai–Juni, klein, hellgelb, zu 10–15 in aufrechten Rispen. Ab September paarige Flügelnüsschen mit stumpfwinklig gespreizten Flügeln.
Vorkommen   Im Kaukasus und Kleinasien beheimatet. Wird als Park- und Straßenbaum sowie in Gärten gepflanzt.
Wissenswertes   Der häufig gepflanzte Cultivar 'Rubrum' hat im Austrieb leuchtend rote Blätter, die später vergrünen.

Tipp für unterwegs

Neben der ins Auge fallenden Rindenfärbung sind auch die roten Blattstiele charakteristisch für diesen attraktiven Ahorn.

Rotstieliger Schlangenhaut-Ahorn   5–10 m
Acer capillipes

Merkmale   Großstrauch oder Kleinbaum mit breiter, lockerer Krone. Rinde an Stämmen und Ästen auffallend olivgrün mit weißen Längsstreifen. Blätter gegenständig, 3-lappig, fein gesägt, 6–12 cm lang, im Austrieb rötlich; rote Blattstiele; gelborange bis rote Herbstfärbung. Blüten im Mai, klein, gelblich, in hängenden Rispen. Ab September paarige Flügelnüsschen mit fast waagerecht abgespreizten Flügeln.
Vorkommen   Stammt aus Japan. Beliebtes Ziergehölz in Parks und Gärten.
Wissenswertes   Die häufigste Art unter den Schlangenhaut- oder Streifen-Ahornen, die mit ihrer auffälligen Rinde auch über Winter zierend und ansprechend wirken.

Tipp für unterwegs

Der schon seit 1873 kultivierte Kugel-Ahorn ist anspruchslos und stadtklimaverträglich. Er wurde zeitweise geradezu „inflationär" gepflanzt, besonders in Städten, und ist sehr häufig zu sehen.

Kugel-Ahorn   4–6 m
Acer platanoides 'Globosum'

Merkmale   Baum mit rund 2 m hohem Stamm und kugeliger, dichter, im Alter abgeflachter Krone. Borke dunkelgrau, lange glatt. Blätter gegenständig, mit 5 bis 7 bogig gezähnten Lappen, bis zu 18 cm lang und breit, oberseits glänzend dunkelgrün; auffällige goldgelbe Herbstfärbung. Blüten April–Mai, vor dem Laubaustrieb, gelbgrün, in aufrechten Rispen. Ab September Flügelnüsschen mit stumpfwinklig bis waagerecht abstehenden Flügeln.
Vorkommen   Zierform des Spitz-Ahorns (→ S. 20); häufig in Gärten, Vorgärten, an Straßen und öffentlichen Plätzen.
Wissenswertes   Die Krone bedarf keiner Schnittmaßnahmen, um ihre geschlossene, runde Form zu bewahren.

Feuer-Ahorn
Acer tataricum subsp. *ginnala*   5–7 m

Merkmale Großstrauch oder Kleinbaum mit lockerer, kegel- bis schirmförmiger Krone. Borke grau bis graubraun, längs gefurcht. Blätter gegenständig, 3-lappig, Mittellappen größer als die Seitenlappen, gesägt, 4–8 cm breit, glänzend dunkelgrün; leuchtend rote Herbstfärbung (Name!). Blüten im Mai, klein, grünlich weiß, zahlreich in aufrechten Rispen, duftend. Ab Spätsommer rötliche, später braune Flügelnüsschen mit fast parallel stehenden Flügeln.
Vorkommen Stammt aus Ostasien. Häufig in Gärten, Parks und städtischen Grünanlagen.
Wissenswertes Dieser attraktive Ahorn wird oft gepflanzt, da er Abgase und Hitze ebenso verträgt wie Halbschatten.

Tipp für unterwegs

Die rötlich gefärbten Fruchtflügel stehen fast parallel zueinander.

Fächer-Ahorn
Acer palmatum   2–6 m

Merkmale Großstrauch oder Kleinbaum, oft mehrstämmig, mit breit ovaler Krone. Borke grau bis graugrün, fein geschuppt. Blätter gegenständig, tief eingeschnitten, mit 5 bis 9 (seltener 11) gesägten Lappen, 6–10 cm breit, frischgrün mit leuchtend roter Herbstfärbung; Sorten teils schon ab dem Austrieb rot. Blüten im Mai, klein, rot, in Rispen. Ab Spätsommer rötliche, später braune Flügelnüsschen mit stumpfwinklig zueinanderstehenden Flügeln.
Vorkommen In Japan und Korea beheimatet. Häufig in Gärten und Parks, oft in rotblättrigen Sorten.
Wissenswertes Bevorzugt luft- und bodenfeuchte Plätze, wird gern in der Nähe von Teichen gepflanzt.

Tipp für unterwegs

Eine Variante des Fächer-Ahorns sind die „Schlitz-Ahorne" der *Dissectum*-Gruppe. Ihre Blätter haben tief fiederschnittige Lappen und sind je nach Sorte rot oder grün mit oranger Herbstfärbung.

Japanischer Feuer-Ahorn
Acer japonicum 'Aconitifolium'   3–5 m

Merkmale Großstrauch oder Kleinbaum, breit aufrecht, locker aufgebaut. Borke grau, lange glatt, feinrissig. Blätter gegenständig, tief eingeschnitten, mit 7 bis 11 fiederspaltigen Lappen, 8–14 cm breit, frischgrün, leuchtend rote Herbstfärbung. Blüten im Mai, klein, rot, in hängenden Rispen. Ab Spätsommer rötliche, später braune, behaarte Flügelnüsschen mit fast rechtwinklig stehenden Flügeln.
Vorkommen Cultivar einer in Japan beheimateten Art. Häufig in Gärten, Parks und Grünanlagen.
Wissenswertes Leider sieht man öfter „schlapp" wirkende Exemplare, die an ungeeigneten Plätzen gepflanzt wurden: Hitze und Trockenheit verträgt dieser Ahorn schlecht.

Tipp für unterwegs

Die rötlichen, behaarten Flügel der Früchte bilden annähernd einen rechten Winkel.

Tipp für unterwegs

Die Korkleisten können sich an Zweigen ab dem 2. Jahr bilden und sind bei älteren Ästen teils sehr stark ausgeprägt.

Amerikanischer Amberbaum
Liquidambar styraciflua   10–25 m

Merkmale Baum mit anfangs schmal kegelförmiger, später breit eiförmiger Krone. Borke graubraun, tief gefurcht und gefeldert; ältere Äste und Zweige mit zahlreichen unregelmäßigen Korkleisten. Blätter wechselständig, handförmig gelappt, mit 5 (bis 7) zugespitzten, am Rand gesägten Lappen, 10–20 cm lang, oberseits glänzend dunkelgrün, lang gestielt; auffällige Herbstfärbung in Gelb- und Rottönen. Blütenköpfchen im Mai, klein, rund, gelbgrün, an langen Stielen. Ab August bis zu 3 cm große, kugelige, stachelig wirkende, verbraunende Fruchtstände mit kleinen Kapseln.

Vorkommen Stammt aus Nordamerika. Zierbaum in Parks und großen Gärten an sonnigen Plätzen.

Wissenswertes In seiner Heimat ist der Amberbaum ein weit verbreiteter Wald- und Forstbaum. Mit dem prächtigen, lang andauernden Farbenspiel seines Herbstlaubs, das von Gelborange über Tiefrot bis Violettbraun reicht, hat er großen Anteil am berühmten „Indian Summer" der nordamerikanischen Wälder.

Tipp für unterwegs

Zunehmend häufiger sieht man diesen Baum als „Dach-Platane" mit flacher, schirmartiger Krone auf einem langen, geraden Stamm. Diese Wuchsform wird durch Schnitt- und Bindemaßnahmen erzielt.

Gewöhnliche Platane
Platanus × hispanica   10–35 m

Merkmale Baum mit breit kegelförmiger, im Alter ausladender Krone, untere Zweige herabhängend. Borke durch unregelmäßiges Ablösen größerer Platten charakteristisch „gescheckt", in Grau-, Beige- und weißlichen Tönen. Blätter wechselständig, 3- bis 5-lappig, höchstens bis zur Mitte eingeschnitten, mit grob und buchtig gezähnten Lappen, 15–25 cm breit, derb. Blütenköpfchen im Mai, klein, rund, hängend, männliche grün, weibliche rötlich. Ab Spätsommer kugelige, stachelig wirkende, bis zu 4 cm große Fruchtstände, meist zu 2 an langem Stiel.

Vorkommen Vermutlich im 17. Jh. als Bastard aus Morgenländischer und Amerikanischer Platane *(Platanus orientalis* und *P. occidentalis)* entstanden. Recht häufiger Park- und Alleebaum, abgas- und stadtklimaverträglich.

Wissenswertes Mancherorts werden die Hauptäste – nach südländischem Vorbild – von Zeit zu Zeit bis zum Stammansatz zurückgeschnitten, sodass sich gedrungene Kronen mit verdrehten Ästen bilden.

Tipp für unterwegs

Die zapfenähnlichen, bis zu 8 cm langen Fruchtstände öffnen sich im Spätherbst und verbleiben dann als besenartige, vertrocknete Reste oft bis ins Frühjahr hinein am Baum.

Tulpenbaum
Liriodendron tulipifera

20–35 m

Merkmale Baum mit anfangs eiförmiger Krone, im Alter ausladend und mit hohem Stamm. Borke grau bis graubraun, mit schmalen Rissen und breiten, oft netzartigen Leisten. Blätter wechselständig, im Umriss fast 4-eckig, meist mit 4 in Spitzen auslaufenden Lappen, Rand zwischen den beiden vorderen Spitzen sattelartig eingebuchtet, 8–16 cm lang, lang gestielt. Blüten Mai–Juni, tulpenähnlich, bis zu 5 cm hoch und breit, creme- bis grüngelb mit orangen Flecken an der Basis der Kronblätter, mit 3 langen, schmalen Kelchblättern. Ab September zapfenähnliche Fruchtstände mit geflügelten Nüsschen.

Vorkommen Stammt aus Nordamerika. Auffälliger Zierbaum in Parks und Botanischen Gärten.

Wissenswertes Vor Beginn der letzten Eiszeiten wuchs der Tulpenbaum auch in Mitteleuropa. In seiner heutigen Heimat im Südosten der USA zählt er zu den wichtigsten Wald- und Forstbäumen für die Holznutzung.

Tipp für unterwegs

Ab einem Alter von etwa 20 Jahren können an weiblichen Ginkgos mirabellenähnliche, gelbe Scheinfrüchte entstehen. Sie werden bei Reife braun und stinken nach ranziger Butter. Die Samen sind essbar.

Ginkgobaum
Ginkgo biloba

10–30 m

Merkmale Meist kurzstämmiger Baum, jung schlank aufrecht, später mit breiter, lockerer Krone. Borke graubraun, gefurcht. Blätter an Kurztrieben in Büscheln zu 3 bis 6, an Langtrieben wechselständig; fächerförmig, vorn eingeschnitten bis 2-lappig, 5–10 cm breit, gabelig geadert, mattgrün, ledrig, lang gestielt; goldgelbe Herbstfärbung. Zweihäusig; Blüten April–Mai, gelblich grün, männliche kätzchenartig. An älteren weiblichen Bäumen ab September mirabellenähnliche Samen mit gelbfleischiger Schale.

Vorkommen In China beheimatet, schon lange in Japan kultiviert und von dort um 1730 nach Europa gebracht. Auffälliger, robuster Zierbaum in Parks und großen Gärten.

Wissenswertes Dieser Baum ist der einzige Überlebende der Ginkgoartigen, einer großen Pflanzengruppe, die vor rund 250 Millionen Jahren weltweit verbreitet war. Er gilt als „lebendes Fossil". Trotz seiner flächigen Blattform steht er als Nacktsamer den Nadelgehölzen näher als den Laubgehölzen.

Tipp für unterwegs

In Parks begegnet einem die Säulen-Eiche teils einzeln oder in kleinen Gruppen; ansonsten häufig in längeren Reihen angepflanzt, sowohl in städtischen Alleen als auch an Landstraßen.

Säulen-Eiche   15–20 m
Quercus robur 'Fastigiata'

Merkmale Schlank säulenförmiger Baum mit straff aufrechten Ästen, oft bis fast zum Boden beastet. Borke dunkelgrau, tief gefurcht. Blätter wechselständig, verkehrt eiförmig, unregelmäßig rund gelappt, am Blattgrund meist 2 Öhrchen, 7–12 cm lang, sehr kurz gestielt. Blüten April–Mai, hellgrüne männliche Kätzchen, weibliche knopfartig, rötlich. Ab September Eicheln, zu 1 bis 3 am Stiel.
Vorkommen Des Öfteren zu sehender Cultivar der Stiel-Eiche (→ S. 18) in Parks und Alleen.
Wissenswertes Eine weitere Zierform der Stiel-Eiche ist die Schlitzblättrige Eiche 'Pectinata' mit breit kegelförmiger Krone und tief fiederschnittig geschlitzten Blättern.

Tipp für unterwegs

Die 2–3 cm langen Eicheln stehen zu 1 oder 2 an einem sehr kurzen Stiel und sind höchstens zu einem Drittel vom flachen Fruchtbecher bedeckt.

Rot-Eiche   15–35 m
Quercus rubra

Merkmale Baum mit breiter, rundlicher Krone. Borke grau bis graubraun, mit breiten Leisten. Blätter wechselständig, im Umriss eiförmig, beidseits mit 4 bis 6 zugespitzten, gezähnten Lappen, 15–20 cm lang, ledrig; gelborange bis rote Herbstfärbung. Blüten im Mai gelbgrün, männliche in Kätzchen. Ab September Eicheln mit flachem Becher.
Vorkommen In Nordamerika beheimatet. Bei uns als Park- und Straßenbaum, gebietsweise auch als Forstbaum.
Wissenswertes Die Rot-Eiche wächst schneller als unsere heimischen Eichen und begnügt sich mit schlechteren Böden. Deshalb hat sie in Mitteleuropa seit dem 19. Jh. auch als forstlich genutzter Holzlieferant Bedeutung.

Tipp für unterwegs

Die höchstens 1,5 cm langen Eicheln wirken fast rundlich, haben einen flachen, schüsselartigen Fruchtbecher und stehen zu 1 oder 2 an einem sehr kurzen Stiel.

Sumpf-Eiche   15–25 m
Quercus palustris

Merkmale Baum mit breiter, lockerer Krone. Borke graubraun, gefurcht. Blätter wechselständig, beidseits mit 2 bis 4 fast waagerechten Lappen, diese wiederum mit je 3 zahnartigen Lappen, 8–15 cm lang, glänzend grün; rötliche Herbstfärbung. Blüten im Mai, gelbgrün, männliche in Kätzchen. Ab September Eicheln mit flachem Becher.
Vorkommen In Nordamerika beheimatet. Dekorativer Park- und Straßenbaum auf feuchten bis mäßig trockenen Böden.
Wissenswertes Sumpf-Eichen wurden ab 2000 zu hunderten im Berliner Regierungsviertel gepflanzt und – zum Vermeiden von Assoziationen zwischen Politik und „Sumpf" – für die Medien in „Spree-Eichen" umgetauft.

Tipp für unterwegs

Die Blätter sind in der Regel deutlicher gelappt als bei der weiß blühenden Wildart.

Rotdorn 2–8 m
Crataegus laevigata 'Paul's Scarlet'

Merkmale Meist als Baum mit geradem Stamm gezogen, mit breit kegelförmiger bis rundlicher, oft unregelmäßiger Krone. Zweige mit bis zu 3 cm langen, spitzen Dornen. Blätter wechselständig, eiförmig, 3- bis 5-lappig, kerbig gesägt, 3–5 cm lang, glänzend dunkelgrün, ledrig. Blüten Mai–Juni, tiefrosa bis karminrot, um 1,5 cm breit, in Doldenrispen. Nur gelegentlich ab August scharlachrote, eiförmige Früchte.
Vorkommen Häufig gepflanzter Cultivar des Zweigriffeligen Weißdorns (→ S. 40); in Parks, Alleen, Gärten, an Straßen.
Wissenswertes Den Rotdorn sieht man des Öfteren auch in Strauchform als Bestandteil frei wachsender Blüten- und Vogelschutzhecken.

Tipp für unterwegs

Die jungen Zweige sind oliv- bis rotbraun und ebenso wie die Knospen wollig behaart.

Schwedische Mehlbeere 8–15 m
Sorbus intermedia

Merkmale Baum mit rundlich eiförmiger Krone. Borke grau bis purpurgrau, oft mit Korkwarzenbändern. Blätter wechselständig, eiförmig, beidseits mit je 5 bis 7 gesägten Lappen, 6–10 cm lang, derb, unterseits hell graufilzig. Blüten Mai–Juni, weiß, 5-zählig, rund 1 cm groß, in bis zu 10 cm breiten Schirmrispen. Ab September eiförmige bis kugelige, gut 1 cm lange, scharlachrote Früchte, kaum genießbar.
Vorkommen In nordeuropäischen Laubwäldern verbreitet. V. a. in Nord- und Nordostdeutschland recht häufig als Straßen-, Allee- und Hofbaum sowie als Feldgehölz.
Wissenswertes Der sehr windfeste Baum wird in Küstenregionen für Windschutzpflanzungen verwendet.

Tipp für unterwegs

In den bohnenähnlichen, verbräunenden Hülsen zeichnen sich – anders als beim Gewöhnlichen und Alpen-Goldregen – nur 1 bis 2 voll entwickelte Samenkörner ab.

Edel-Goldregen 5–8 m
Laburnum × watereri

Merkmale Kleinbaum, seltener Strauch, trichterförmig aufrecht mit überhängenden Zweigen. Borke grünlich bis graubraun, lange glatt. Blätter wechselständig, 3-teilig, Teilblättchen eiförmig, ganzrandig und 4–8 cm lang. Schmetterlingsblüten Mai–Juni, goldgelb, in 40–50 cm langen Trauben. Ab September flache, braune Fruchthülsen, bis zu 8 cm lang.
Vorkommen Bastard zwischen Gewöhnlichem Goldregen und Alpen-Goldregen *(Laburnum anagyroides* und *L. alpinum)*. Wegen seiner langen, dicht besetzten Blütentrauben der häufigste Goldregen in Parks und Gärten.
Wissenswertes Vorsicht, alle Pflanzenteile, besonders die Samen, enthalten hochgiftige Alkaloide!

Seit Jahren gehört es leider zum Erscheinungsbild vieler Rosskastanien, dass ihre Blätter ab Sommer v. a. im unteren Bereich stark verbräunt sind. Ursache ist meist die Rosskastanien-Miniermotte.

Gewöhnliche Rosskastanie
Aesculus hippocastanum

15–30 m

Merkmale Meist kurzstämmiger Baum mit hoch gewölbter, dichter Krone, untere Äste überhängend. Borke graubraun, im Alter schuppig ablösend. Blätter gegenständig, gefingert mit 5 bis 7 Teilblättchen, diese 10–25 cm lang, verkehrt-eiförmig, kurz zugespitzt, doppelt gesägt. Winterknospen klebrig verharzt. Blüten April–Mai, weiß, 5-zählig, bis zu 2 cm groß, oft mit gelber oder rötlicher Zeichnung, in aufrechten, kegelförmigen, 15–30 cm langen Rispen. Ab September rundliche, dicht bestachelte, bis zu 6 cm dicke Früchte, sich 3-klappig öffnend, mit braun glänzenden Samen mit großem, hellem Nabel; ungenießbar.
Vorkommen Im Balkan beheimatet. Seit dem 16. Jh. in Mitteleuropa als Park-, Straßen- und Dorfbaum gepflanzt.
Wissenswertes In Parks und Grünanlagen sieht man öfter auch die nur 2–4 m hohe, sehr breitwüchsige Strauch-Rosskastanie (*Aesculus parviflora*, Foto oben rechts). Ihre weißen Blütenkerzen erscheinen erst im Juli–August.

Die Früchte sind kleiner als bei der Gewöhnlichen Rosskastanie und kaum bestachelt. Sie erscheinen bei der häufig gepflanzten Sorte 'Briotii' nur selten.

Rote Rosskastanie
Aesculus × carnea

10–20 m

Merkmale Meist kurzstämmiger Baum mit runder bis hoch gewölbter, dichter Krone. Borke graugrün, flach gefurcht. Blätter gegenständig, gefingert mit meist 5 Teilblättchen, diese 10–20 cm lang, schmal eiförmig, kurz zugespitzt, doppelt gesägt, oft leicht gewellt, derb, oberseits dunkelgrün, unterseits deutlich heller. Winterknospen kaum klebrig. Blüten im Mai, rosa bis rot, meist 5-zählig, bis zu 2 cm groß, mit gelbem Schlund, in aufrechten, kegelförmigen, 12–20 cm langen Rispen. Nur gelegentlich ab September rundliche, kaum bestachelte, 3–4 cm dicke Früchte mit einem braunen Samen, der einen hellen Nabel hat; ungenießbar.
Vorkommen Kreuzung der nordamerikanischen Pavie (*Aesculus pavia*) mit der Gewöhnlichen Rosskastanie. Recht häufig in Parks, Alleen und großen Gärten, oft in der leuchtend rot blühenden Sorte 'Briotii'.
Wissenswertes Bleibt von der Rosskastanien-Miniermotte (siehe Gewöhnliche Rosskastanie) weitgehend verschont.

Schwarzer Holunder   2–7 m
Sambucus nigra

Tipp für unterwegs

Die Zweige des Schwarzen Holunders führen weißes Mark – ein gutes Unterscheidungsmerkmal zum Roten Holunder (→ S. 22) mit gelbbraunem Mark.

Merkmale Großstrauch mit überhängenden Zweigen, seltener schiefwüchsiger Baum. Blätter gegenständig, unpaarig gefiedert mit meist 5 schmal eiförmigen, gesägten Teilblättchen, diese 6–10 cm lang. Blüten Juni–Juli, klein, weiß, in 10–15 cm breiten Schirmrispen, streng riechend. Ab September erbsengroße, glänzend schwarze Steinfrüchte.

Vorkommen Weit verbreitet und häufig, vom Tiefland bis 1600 m Höhe. Oft in Siedlungsnähe an Waldrändern, Lichtungen, Böschungen sowie in Feldhecken und Gärten.

Wissenswertes Die herbsüßen Früchte können unreif und roh schwere Verdauungsstörungen verursachen, sind aber nach Verarbeitung, z. B. zu Marmelade, sehr schmackhaft.

Blumen-Esche, Manna-Esche   5–15 m
Fraxinus ornus

Tipp für unterwegs

Während die Flügelnüsse der Gewöhnlichen Esche (→ S. 68) eine deutliche Spitze aufweisen, sind sie bei der Blumen-Esche vorn abgestumpft und leicht eingekerbt.

Merkmale Baum mit rundlicher Krone, teils mehrstämmig. Borke graubraun, recht glatt. Blätter gegenständig, unpaarig gefiedert, 15–30 cm lang, mit 7 bis 9 lanzettlichen, stumpf gesägten, gestielten Teilblättchen, diese bis zu 7 cm lang. Blüten Mai–Juni, mit dem Laubaustrieb, klein, weiß, in dichten, vielblütigen Rispen, duftend. Ab September geflügelte, bräunliche, bis zu 4 cm lange Nüsschen, lange haftend.

Vorkommen Aus dem östlichen Mittelmeerraum stammend. In wintermilden Regionen als Park-, Garten- und gelegentlich als Forstbaum; stellenweise verwildert.

Wissenswertes Die Blumen-Esche sondert aus Stammrissen einen bräunlichen, honigarten Saft („Manna") ab.

Gewöhnliche Eberesche   5–15 m
Sorbus aucuparia

Tipp für unterwegs

Im Siedlungsbereich sieht man des Öfteren die Mährische Eberesche (*Sorbus aucuparia* 'Edulis') mit bis zu 1,5 cm großen, sehr vitaminreichen Früchten und etwas größeren, dunkleren Blättern.

Merkmale Baum mit lockerer, rundlicher Krone, teils mehrstämmig. Borke graubraun, mit Korkwarzenbändern. Blätter wechselständig, unpaarig gefiedert, bis zu 20 cm lang, mit 9 bis 17 Teilblättchen, diese länglich eiförmig, gesägt, 2–6 cm lang, unterseits oft blaugrün; gelborange bis rote Herbstfärbung. Blüten Mai–Juni, klein, weiß, in Schirmrispen, unangenehm riechend. Ab August erbsengroße, scharlachrote Früchte; nur nach Verarbeitung genießbar.

Vorkommen Vom Tiefland bis in die Alpen weit verbreitet, in Mischwäldern, an Waldrändern, auf Heiden. Häufig in Parks, Grünanlagen, Gärten und an Straßen gepflanzt.

Wissenswertes Auch als Vogelbeere bekannt.

Die Blüten erscheinen in der Regel, bevor sich der anfangs rotbraune Blattaustrieb voll entfaltet hat.

Echte Walnuss
Juglans regia
8–25 m

Merkmale Baum mit lockerer, rundlicher Krone, im Alter breit ausladend. Borke lang grau und glatt, im Alter schwärzlich, oft mit netzartigen Leisten. Blätter wechselständig, unpaarig gefiedert, 20–50 cm lang, mit 5 bis 9 Teilblättchen, diese elliptisch, fast ganzrandig, 6–12 cm lang, derb; aromatisch riechend. Blüten im Mai, meist vor dem Laubaustrieb, männliche in hängenden, grünbraunen Kätzchen, weibliche unauffällig. Ab September bis zu 5 cm dicke Früchte mit glatter, grüner Schale, darin die schmackhafte Nuss mit harter, gefurchter Samenschale.

Vorkommen Als kleinfrüchtige Form in Mitteleuropa beheimatet. Großfrüchtige Kulturformen stammen vermutlich aus Asien und Südosteuropa; in Weinbaugebieten oft aus alten Pflanzungen verwildert. Als Park-, Obst-, Garten- und Hofbaum hauptsächlich in wintermilden Regionen.

Wissenswertes Früher von Botanikern als Steinfrucht eingestuft, gilt die Frucht heute als „echte" Nuss.

Die Nüsse mit den halbkreisförmigen Flügeln sind perlschnurartig in langen Ständen aufgereiht.

Kaukasische Flügelnuss
Pterocarya fraxinifolia
10–25 m

Merkmale Baum mit breiter Krone und im unteren Bereich waagerecht abgehenden Ästen, oft mehrstämmig und mit Schösslingen an der Stammbasis. Borke grau bis schwarzgrau, mit tiefen, hellen Furchen. Blätter wechselständig, unpaarig gefiedert, Endblättchen gelegentlich fehlend, 20–50 cm lang, mit 13 bis 27 Teilblättchen, diese schmal länglich, gesägt, 5–13 cm lang, unterseits mit deutlichen Achselbärten, Blattspindel zwischen den Fiederblättern geflügelt. Blüten April – Mai, grünlich, in hängenden, bis zu 12 cm langen Kätzchen. Ab September geflügelte, bis zu 2 cm große Früchte in 20–45 cm langen Ständen.

Vorkommen Im Kaukasus und Vorderasien beheimatet. Bei uns v. a. als malerischer Parkbaum, oft an Teichen oder Bachläufen.

Wissenswertes Die Wurzeln treiben bis zu 10 m lange, kräftige Ausläufer und haben bei Flügelnuss-Bäumen in Städten schon öfter zum Hochdrücken von Pflasterbelägen geführt.

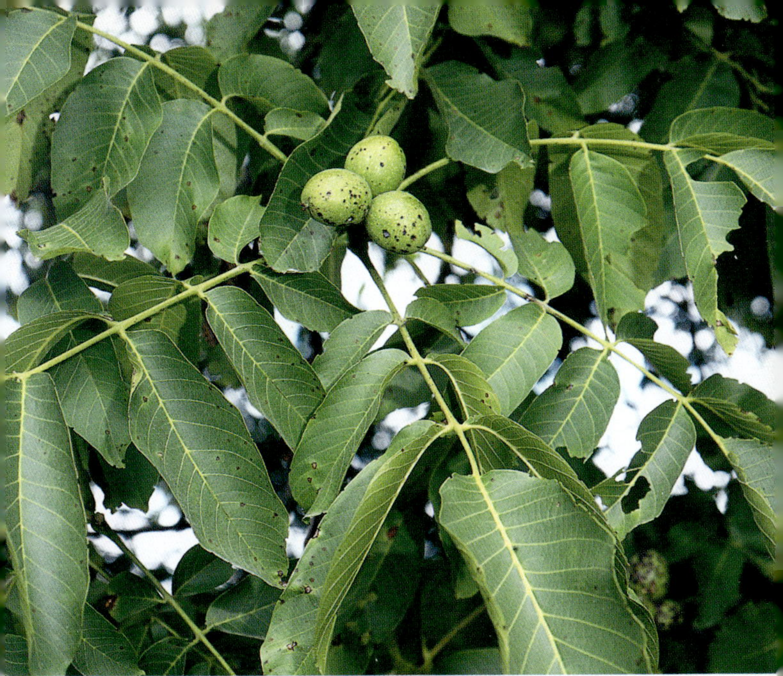

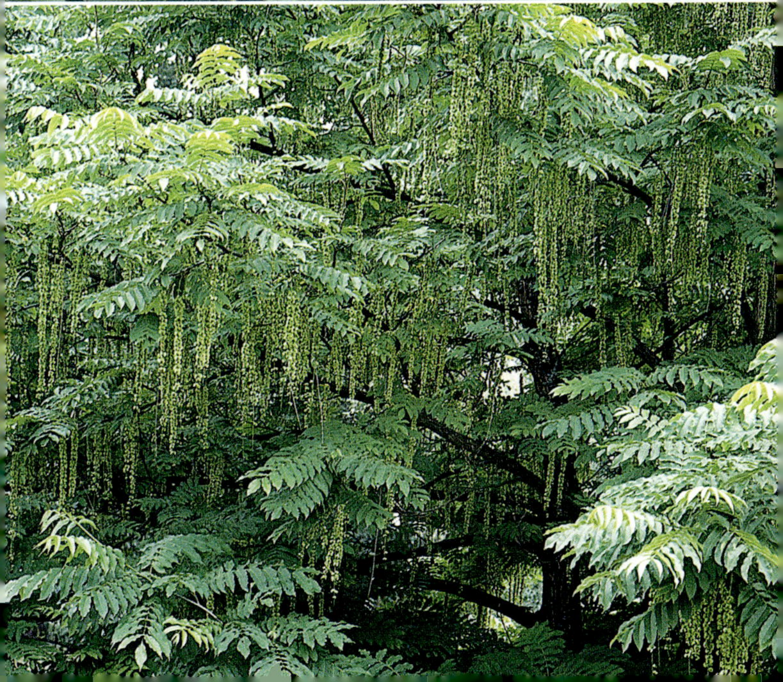

Gewöhnliche Robinie 10–25 m
Robinia pseudoacacia

Merkmale Baum mit breit kegelförmiger bis rundlicher Krone, bildet Ausläufer. Borke graubraun, tief gefurcht. Zweige oft bedornt. Blätter wechselständig, unpaarig gefiedert, 20–30 cm lang, mit 7 bis 19 eiförmigen, ganzrandigen, kurz gestielten Teilblättchen. Schmetterlingsblüten Mai–Juni, weiß, in 10–25 cm langen, hängenden Trauben, stark duftend; bei manchen Cultivaren auch tiefrosa. Ab September braune, glatte, 5–10 cm lange Fruchthülsen, schwach giftig.
Vorkommen Stammt aus Nordamerika. Seit dem 17. Jh. häufig in Gärten, Parks und an Straßen gepflanzt, ebenso als Feldgehölz und zur Bodenbefestigung; teils verwildert.
Wissenswertes Auch als Scheinakazie bekannt.

Tipp für unterwegs

Oft sieht man die Kugel-Robinie 'Umbraculifera' mit runder Krone.

Essigbaum, Kolben-Sumach 4–8 m
Rhus typhina

Merkmale Großstrauch oder Kleinbaum, sparrig verzweigt; durch viele Ausläufer oft dickichtartig. Borke graubraun, schuppig. Blätter wechselständig, unpaarig gefiedert, 20–50 cm lang, mit 11 bis 31 länglich eiförmigen, gesägten Teilblättchen, unterseits hell graugrün; leuchtend orange- bis scharlachrote Herbstfärbung. Zweihäusig; Blüten Juni–Juli, klein, grünlich, in kerzenartigen Rispen. An weiblichen Bäumen ab August kolbenartige, rotbraune Fruchtstände.
Vorkommen Stammt aus Nordamerika. Seit dem 17. Jh. häufig in Gärten und Parks gepflanzt; teils verwildert.
Wissenswertes Alle Pflanzenteile enthalten Giftstoffe, die in erster Linie Hautreizungen hervorrufen können.

Tipp für unterwegs

Sehr auffällig sind die rotbraunen, 8–20 cm großen Fruchtstände, die den Winter über am Baum bleiben.

Chinesischer Götterbaum 20–25 m
Ailanthus altissima

Merkmale Baum mit breit kegelförmiger bis rundlicher, lockerer Krone. Borke grau bis graubraun, recht glatt, mit auffälligen, hellen Längsrissen. Blätter wechselständig, unpaarig gefiedert, 30–60 cm lang, mit 13 bis 25 kurz ge-stielten, eilanzettlichen, an der Basis gezähnten Teilblätt-chen. Blüten Juni–Juli, klein, grüngelb, in aufrechten, bis zu 20 cm langen Rispen, unangenehm riechend. Ab September Flügelnüsse mit zungenförmigem Flugblatt.
Vorkommen In China und Korea beheimatet. Park- und Alleebaum, besonders häufig in Städten.
Wissenswertes Breitet sich, bedingt durch die Klima-erwärmung, teils unerwünscht stark in der Landschaft aus.

Tipp für unterwegs

Die in Rispen erschei-nenden, bis zu 5 cm langen Flügelnüsse tragen den Samen in der Mitte. Sie sind anfangs rötlich über-haucht, später hell-braun.

Tipp für unterwegs

Die Fruchtkapseln mit ihrer papierartigen Hülle erinnern an kleine Lampions. Sie sind anfangs auffällig hellgrün, verfärben sich dann rötlich und schließlich braun.

Rispiger Blasenbaum 5–10 m
Koelreuteria paniculata

Merkmale Meist kurzstämmiger Baum mit breiter, rundlicher Krone. Borke graubraun, im Alter tief gefurcht. Blätter wechselständig, unpaarig gefiedert, bis zu 35 cm lang, mit 7 bis 15 Teilblättchen, diese eiförmig, kerbig gesägt, zur Basis hin kleiner, kurz gestielt; im Austrieb rötlich, im Herbst gelb bis orange. Blüten Juli–August, gelb, zentimetergroß, zahlreich in bis zu 35 cm langen, lockeren Rispen. Ab August blasig aufgetriebene, bis zu 5 cm lange Fruchtkapseln.
Vorkommen Stammt aus Ostasien. Auffälliger Baum in Parks und Grünlagen, v. a. in wintermilden Regionen.
Wissenswertes Als „typischer" Stadtbaum gut hitzeverträglich, aber etwas frostempfindlich, besonders im Austrieb.

Tipp für unterwegs

Wenn sich im August die fedrig wirkenden Blütenbüschel öffnen, werden Aralien von unzähligen Insekten umschwärmt. Mit ihrer späten Blüte sind sie wertvolle Bienenweiden.

Japanische Aralie 3–7 m
Aralia elata

Merkmale Großstrauch oder mehrstämmiger Kleinbaum, locker schirm- bis trichterförmig. Borke graubraun, längsrissig; ebenso wie die Zweige mit kurzen, gebogenen Stacheln. Blätter wechselständig, doppelt gefiedert, bis zu 80 cm lang, Teilblättchen eiförmig, unregelmäßig gesägt, bis zu 12 cm lang, unterseits stachelig; gelbe bis rotorange Herbstfärbung. Blüten August–September, klein, weiß, zahlreich in endständigen großen Trugdolden. Ab Oktober winzige, kugelige, schwarze Früchte, schwach giftig.
Vorkommen Beheimatet in Ostasien und Sibirien. Exotisch wirkendes Ziergehölz in Parks, Grünanlagen und Gärten.
Wissenswertes Auch Japanischer Angelikabaum genannt.

Tipp für unterwegs

Es gibt mehrere, häufig gepflanzte Cultivare ohne die charakteristische Bedornung. Doch die meist doppelt gefiederten, fast farnartig wirkenden, im Herbst gelben Blätter sind unverkennbar.

Lederhülsenbaum, Gleditschie 15–25 m
Gleditsia triacanthos

Merkmale Baum mit locker und unregelmäßig aufgebauter Krone. Borke rot- bis graubraun, längsrissig; Stamm und Äste mit Büscheln verzweigter Dornen, junge Zweige mit einzelnen langen Dornen. Blätter wechselständig, teils einfach, jedoch meist doppelt gefiedert, mit 8 bis 14 wiederum unterteilten Fiederblättchen, Einzelblättchen eiförmig. Blüten Juni–Juli, klein, grünlich, in hängenden Trauben. Ab September bis zu 40 cm lange Fruchthülsen, oft in sich gedreht, erst grün, dann braunrot, ledrig; lange haftend.
Vorkommen Aus Nordamerika stammender, auffälliger Park-, Allee- und Straßenbaum.
Wissenswertes Die Blätter sind giftig, die Samen ungiftig.

Tipp für unterwegs

Das langsam wachsende Gehölz ist durch Schnitt fast beliebig formbar. Das reicht von den häufigen Kugelformen über kniehohe Einfassungshecken bis zu kunstvollen ornamentalen Mustern und Figuren.

Gewöhnlicher Buchsbaum 0,3–6 m
Buxus sempervirens

Merkmale Meist breit kegelförmiger, dichter Strauch, seltener mehrstämmiger Baum. Immergrün; Blätter gegenständig, eiförmig bis länglich, ganzrandig, bis zu 2,5 cm lang, oberseits glänzend dunkelgrün, ledrig, oft löffelartig gewölbt. Blüten März–April, klein, gelbgrün, unscheinbar, in Büscheln in den Blattachseln. Ab August erbsengroße, rundliche, graubraune Kapselfrüchte; in Kultur selten.
Vorkommen Wild wachsend zerstreut in Laubwäldern, v. a. in West- und Südwesteuropa. Sehr häufig in Parks, Grünanlagen und Gärten gepflanzt; verträgt Schatten wie Sonne.
Wissenswertes Vorsicht, alle Pflanzenteile, besonders Blätter und Wurzelrinde, sind giftig.

Tipp für unterwegs

Neben den grünlaubigen Formen mit schöner Herbstfärbung sieht man oft auch Sorten mit roten oder goldgelben Blättern.

Thunbergs Berberitze 1,5–2 m
Berberis thunbergii

Merkmale Aufrechter, dicht verzweigter Strauch. Zweige mit meist einfachen (nicht 3-teiligen), bis zu 1,5 cm langen Dornen. Blätter wechselständig, verkehrt-eiförmig bis spatelförmig, ganzrandig, 1–3 cm lang, unterseits bläulich grün; orangegelbe oder rote Herbstfärbung (siehe Foto). Blüten im Mai, gelb, teils rötlich überlaufen, bis zu 1 cm ø, einzeln oder zu 2 bis 4. Ab August eiförmige, scharlachrote, ca. 1 cm lange Beeren; ungenießbar.
Vorkommen In Japan und China beheimatet. Häufigste sommergrüne Berberitze in Gärten und Grünanlagen.
Wissenswertes Die grünblättrige Stammart wird meist für Hecken verwendet und auch Hecken-Berberitze genannt.

Tipp für unterwegs

Die Dornen sind wie bei der Gewöhnlichen Berberitze (→ S. 48) 3-teilig und bis zu 4 cm lang.

Julianes Berberitze 2–3 m
Berberis julianae

Merkmale Aufrechter, sehr breiter, dicht verzweigter Strauch mit im Alter überhängenden Zweigen. Zweige mit 3-teiligen, bis zu 4 cm langen Dornen. Immergrün; Blätter verkehrt-eiförmig, stachelig gezähnt, 6–8 cm lang, oberseits glänzend dunkelgrün, ledrig. Blüten Mai–Juni, gelb, zu 8 bis 15 in dichten Doldentrauben. Ab August eiförmige, blauschwarze, bereifte, bis zu 8 mm lange Beeren; ungenießbar.
Vorkommen Stammt aus China. Häufiger Strauch in Gärten und Grünanlagen, in Einzelstellung und in Hecken.
Wissenswertes Die immergrünen Blätter färben sich im Herbst gelegentlich rot. Rötlich sind auch die im Frühjahr neu austreibenden Blätter.

Wintergrüner Liguster · 2–5 m
Ligustrum ovalifolium

Merkmale Aufrechter, sehr dichter Strauch. Wintergrün, bei starken Frösten teilweiser Blattverlust; Blätter gegenständig, eiförmig, ganzrandig, 3–8 cm lang, oberseits glänzend dunkelgrün, unterseits gelbgrün. Blüten Juni–Juli, klein, cremeweiß, in 5–10 cm langen, gedrungenen Rispen, streng riechend. Ab September kugelige, erbsengroße, schwarze Beeren, lang haftend; schwach giftig.
Vorkommen Stammt aus Japan. In Gärten und Grünanlagen meist als Heckengehölz verwendet.
Wissenswertes Wintergrüne Gehölze werfen im Frühjahr nach und nach die vorjährigen Blätter ab, während der junge Austrieb schon wieder für neue Belaubung sorgt.

Wintergrüne Strauchmispel · 2–5 m
Cotoneaster × watereri

Merkmale Aufrechter, locker verzweigter, breit ausladender Strauch, oft mit überhängenden Zweigen, zuweilen baumartig. Wintergrün; Blätter wechselständig, elliptisch bis lanzettlich, ganzrandig, 7–10 cm lang, runzlig, ledrig. Blüten im Juni, klein, weiß, dicht in großen Schirmrispen. Ab September zahlreiche kugelige, erbsengroße, leuchtend rote Früchte; schwach giftig.
Vorkommen Aus England stammende Kreuzung zweier asiatischer Arten. Malerischer Strauch an geschützten Stellen in Gärten und Grünanlagen; etwas frostempfindlich.
Wissenswertes Das Laub verfärbt sich im Herbst teils gelb bis orangerot, bleibt aber in der Regel am Strauch.

Winterjasmin · 2–3 m
Jasminum nudiflorum

Merkmale Strauch mit langen, dünnen, rutenartigen, 4-kantigen, grünen Zweigen, als Kletterer aufgeleitet oder bogig überhängend. Blätter gegenständig, 3-zählig, mit lanzettlichen, ganzrandigen, 1–3 cm langen, dunkelgrünen Teilblättchen. Blüten Dezember–April (je nach Witterung) entlang der nackten vorjährigen Zweige, gelb, mit 5- oder 6-zipfliger Krone auf schmaler Kronröhre, um 2 cm breit.
Vorkommen Stammt aus Ostasien. Gehört als Winterblüher zu den besonders beliebten und häufigen Ziergehölzen.
Wissenswertes Der Winterjasmin schiebt als sogenannter Spreizklimmer seine Zweige an festen Untergründen in die Höhe, kann sich aber nicht festklammern oder anheften.

Tipp für unterwegs

Die auffälligen weißen Beeren zerplatzen teils mit hörbarem Geräusch, wenn man sie auf den Boden wirft. Deshalb ist das Gehölz auch als „Knallerbsenstrauch" bekannt.

Schneebeere   1,5–2 m
Symphoricarpos albus var. *laevigatus*

Merkmale Aufrechter, dicht verzweigter Strauch, oft mit überhängenden Zweigen; durch starke Ausläuferbildung dickichtartig. Blätter gegenständig, rundlich bis eiförmig, ganzrandig, an Langtrieben auch buchtig gelappt, 4–6 cm lang. Blüten Juni–September, klein, glockenförmig, rosaweiß, in Ähren. Ab September weiße, rundliche Beeren, 1–1,5 cm ø, zu 4 bis 5; in größeren Mengen giftig.
Vorkommen Stammt aus Nordamerika. Sehr robuster, anspruchsloser Strauch, meist in frei wachsenden Hecken gepflanzt; häufig z. B. an Straßen und Böschungen.
Wissenswertes Oft sieht man auch nah verwandte, ähnliche Arten mit rosaweißen oder roten Beeren.

Tipp für unterwegs

Fast ebenso häufig wie die grünblättrige Art sieht man die Sorte 'Royal Purple', die vom Austrieb bis zum Herbst kräftig dunkel- bis schwarzrote Blätter hat.

Perückenstrauch   2–5 m
Cotinus coggygria

Merkmale Breit buschiger, teils hoch gewölbter Strauch. Blätter wechselständig, oval bis verkehrt-eiförmig, ganzrandig, 3–8 cm lang, oft lang gestielt; gelborange bis rote Herbstfärbung. Blüten Juni–Juli, klein, gelblich, zahlreich in endständigen, 15–20 cm langen Rispen. Ab Ende Juli viele flauschig wirkende, rosa bis rotbraune Fruchtstände mit winzigen Früchten und flaumig behaarten Stielen.
Vorkommen In Südosteuropa und Ostasien beheimatet. Beliebter Zierstrauch für sonnige, auch trockene Plätze in Gärten, Parks und Grünanlagen.
Wissenswertes Der Name Perückenstrauch bezieht sich auf die behaarten, „wuscheligen" Fruchtstände.

Tipp für unterwegs

Die an für sich kräftig tiefgrünen, ansprechenden Blätter hängen oft recht fahl und schlapp herab, da der Runzel-Schneeball häufig an zu sonnigen Plätzen gepflanzt wird.

Runzelblättriger Schneeball   3–5 m
Viburnum rhytidophyllum

Merkmale Aufrechter, breit buschiger Strauch, im Alter trichterförmig. Immergrün; Blätter gegenständig, länglich eiförmig, ganzrandig, leicht gewellt, 8–20 cm lang, stark runzlig, oberseits dunkelgrün, unterseits graufilzig. Blüten Mai–Juni, klein, cremeweiß, in 10–20 cm breiten Schirmrispen. Ab August zahlreiche eiförmige, knapp 1 cm lange Früchte, erst rot, später glänzend schwarz; schwach giftig.
Vorkommen Stammt aus China. Häufig in Vorgärten, Grünanlagen und an öffentlichen Plätzen.
Wissenswertes Die bereits im Herbst angelegten Blütenstände überwintern nackt, ohne Knospenschuppen, und sind mit gelblich weißen, filzigen Haaren bedeckt.

Lorbeer-Kirsche, Kirschlorbeer · 1–6 m
Prunus laurocerasus

Merkmale Breiter Strauch, aufrecht bis ausladend. Immergrün; Blätter wechselständig, länglich bis verkehrt-eiförmig, ganzrandig, teils schwach gesägt, 5–25 cm lang, glänzend dunkelgrün, ledrig derb. Blüten im Mai, klein, weiß, in aufrechten, bis zu 20 cm langen Trauben; gelegentlich Nachblüte im Herbst. Ab August kugelige, erbsengroße, schwarze Steinfrüchte; giftig, ebenso alle anderen Pflanzenteile!
Vorkommen In Südosteuropa und Kleinasien beheimatet. Häufig in Gärten, Vorgärten und im öffentlichen Grün, einzeln und in Hecken; wächst in Sonne und Schatten.
Wissenswertes Wird in mehreren, meist 2–3 m hohen Sorten gepflanzt, mit variierenden Wuchs- und Blattformen.

Rhododendron, Azalee · 0,3–4 m
Rhododendron-Hybriden

Merkmale Breit buschiger Strauch. Meist immergrün; Blätter wechselständig, quirlartig angeordnet, meist gehäuft an den Zweigenden; eiförmig bis lanzettlich, ganzrandig, 3–15 cm lang, oberseits meist glänzend sattgrün, ledrig. Blüten je nach Sorte zwischen März und Juni, meist 5-zählig, glockig oder schalenartig, 4–10 cm ø, meist in endständigen Doldentrauben; in Rosa-, Violett- und Rottönen oder Weiß, teils auch in Orange- und Gelbtönen.
Vorkommen Stammarten in Ostasien beheimatet, teils auch in Nordamerika. Häufig in Gärten und Parks.
Wissenswertes In zahlreichen Sorten mit verschiedenen Blütenfarben und -größen, Wuchshöhen und -formen.

Japanische Lavendelheide · 1,5–3 m
Pieris japonica

Merkmale Aufrechter, locker verzweigter Strauch mit überhängenden Zweigen. Immergrün; Blätter wechselständig, quirlartig angeordnet, länglich lanzettlich, meist schwach gesägt, 3–8 cm lang, oberseits glänzend sattgrün, im Austrieb kupferrot. Blüten März–Mai, klein, weiß, krugförmig, sehr zahlreich in 10–20 cm langen, überhängenden Rispen. Ab August kleine, kugelige, braune Kapselfrüchte.
Vorkommen Stammt aus Japan. In Gärten und Parks meist an schattigen Plätzen, oft zusammen mit Rhododendren.
Wissenswertes Auch als Schattenglöckchen bekannt; wird in mehreren Sorten gepflanzt, teils auch mit rosa Blüten oder gelb gerandeten Blättern. In allen Teilen giftig!

Tipp für unterwegs

Der in Mode gekommene Strauch leidet oft stärker unter Frösten als angenommen, v. a. die jungen Blätter. Leider sieht man recht häufig geschädigte Exemplare mit dunkelbraunrotem, welkem Laub.

Glanzmispel, Lorbeermispel   1,5–3 m
Photinia × fraseri 'Red Robin'

Merkmale Aufrechter, locker verzweigter Strauch. Immergrün; Blätter wechselständig, locker quirlartig angeordnet, schmal eiförmig, gesägt, 8–15 cm lang, im Austrieb leuchtend rot, danach lange kupferfarben, später glänzend dunkelgrün. Blüten Mai–Juni, klein, weiß, 5-zählig, in bis zu 12 cm breiten Schirmrispen; herb duftend. Ab September kleine, kugelige, rote Früchte; vermutlich giftig.
Vorkommen Züchtung aus ostasiatischen Arten. In neuerer Zeit sehr beliebter Zierstrauch, v. a. in Gärten, meist an sonnigen Plätzen; recht frostempfindlich.
Wissenswertes Wurde in Neuseeland gezüchtet.

Tipp für unterwegs

Bei den "Beeren" handelt es sich um kleine Apfelfrüchte, die an der Spitze vertrocknete Blütenreste tragen. Sie haften oft bis in den Winter hinein am Strauch.

Mittelmeer-Feuerdorn   1–3 m
Pyracantha coccinea

Merkmale Vieltriebiger, sparrig verzweigter Strauch mit stark bedornten Zweigen. Winter- bis immergrün; Blätter wechselständig, lanzettlich bis schmal eiförmig, fein gesägt, 2–4 cm lang, ledrig, oberseits glänzend dunkelgrün. Blüten Mai–Juni, klein, weiß, in dichten Schirmrispen; streng riechend. Ab September rundliche, rote, orange oder gelbe Früchte, um 0,5 cm ∅; ungenießbar, schwach giftig.
Vorkommen In Südeuropa beheimatet. Seit dem 17. Jh. in Mitteleuropa oft gepflanzt, stellenweise verwildert. Häufig in Grünanlagen, Gärten und z. B. an Straßenböschungen.
Wissenswertes In Parks und Gärten wachsen meist Sorten mit reichem Fruchtbehang in leuchtenden Farben.

Tipp für unterwegs

Die Korkleisten an den Zweigen sind breiter und auffälliger als beim Gewöhnlichen Pfaffenhütchen (→ S. 36), die Früchte dagegen, wenn sie überhaupt erscheinen, vergleichsweise unscheinbar.

Flügel-Spindelstrauch   2–3 m
Euonymus alatus

Merkmale Breiter Strauch mit unregelmäßigem Wuchs. Zweige mit 4, zuweilen nur 2 sehr breiten Korkflügeln. Blätter gegenständig, länglich eiförmig, gesägt, 3–6 cm lang; orange- bis karminrote Herbstfärbung. Blüten Mai–Juni, klein, gelblich, meist zu 3, zahlreich, aber unscheinbar. Ab August nur gelegentlich kleine, purpurrote, meist 4-lappige Kapselfrüchte mit orangerotem Samenmantel.
Vorkommen Stammt aus Ostasien. Recht robuster Zierstrauch in Parks, Grünanlagen und Gärten, wird v. a. wegen seiner prächtigen Herbstfärbung gepflanzt, die aber nur bei sonnigem Stand intensiv ausgeprägt ist.
Wissenswertes Vorsicht, alle Pflanzenteile sind giftig!

Forsythie
Forsythia × intermedia   1,5–3 m

Merkmale Anfangs straff aufrechter Strauch, später ausladend, mit bogig überhängenden Zweigen. Blätter gegenständig, eilänglich bis lanzettlich, zumindest im oberen Teil gesägt, 8–12 cm lang, selten auch 3-teilig. Blüten März–April, vor dem Laubaustrieb, trichterförmig, 4-zipflig, gelb, bis zu 5 cm Ø, dicht gedrängt an den Zweigen. Ab September gelegentlich kleine, braune Kapselfrüchte.

Vorkommen Kreuzung aus zwei ostasiatischen Arten. Einer der häufigsten Ziersträucher in Gärten und im öffentlichen Grün, in verschiedenen Sorten gepflanzt.

Wissenswertes Die robuste, reich blühende Kreuzung entstand 1878 im Forstbotanischen Garten von Göttingen.

Gewöhnlicher Sommerflieder
Buddleja davidii   2–4 m

Merkmale Aufrechter, trichterförmiger Strauch mit überhängenden Zweigen. Blätter gegenständig, eilanzettlich, schwach gezähnt, 10–25 cm lang, unterseits weißfilzig; oft bis weit in den Winter hinein haftend. Blüten Juli–September, klein, trichterförmig, in bis zu 30 cm langen, aufrechten bis überhängenden Rispen, meist blauviolett, Sorten auch in Rosa, Rotviolett und Weiß. Kleine, längliche Kapselfrüchte.

Vorkommen In China beheimatet. Als einer der wenigen Sommerblüher sehr beliebter und oft gepflanzter Strauch in Gärten und Grünanlagen; stellenweise verwildert.

Wissenswertes Auch als Schmetterlingsstrauch bekannt, da die Blüten zahlreiche Schmetterlinge anziehen.

Weigelie
Weigela-Hybriden   2–3 m

Merkmale Aufrechter, vieltriebiger Strauch mit bogig überhängenden Zweigen. Blätter gegenständig, elliptisch bis länglich eiförmig, gesägt, 4–10 cm lang, unterseits behaart. Blüten Mai–Juni, trichterförmig, 5-zipflig, rund 3 cm Ø, in Rosa-, Rottönen oder Weiß. Ab September gelegentlich schmale, bis zu 2,5 cm lange, braune Kapselfrüchte.

Vorkommen Meist Hybriden der aus Ostasien stammenden Lieblichen Weigelie *(Weigela florida)*. Recht häufig in Gärten und im öffentlichen Grün.

Wissenswertes Diese robusten, langlebigen Blütengehölze sieht man besonders oft in frei wachsenden Hecken, aber auch als Einzelsträucher.

Tipp für unterwegs

Die seltenere, einfach blühende Sorte 'Simplex' entfaltet schalenförmige Blüten mit 5 Kronblättern und vielen Staubgefäßen. Bei sehr sonnigem Stand bleichen die goldgelben Blüten deutlich aus.

Ranunkelstrauch   1–2 m
Kerria japonica

Merkmale Anfangs straff aufrechter Strauch, bald trichterförmig mit überhängenden, rutenartigen, grünen Zweigen; bildet zahlreiche kurze Ausläufer. Blätter wechselständig, eiförmig, lang zugespitzt, doppelt gesägt, 4–8 cm lang, tief eingesenkte Nerven. Blüten Mai–Juni, gelb, meist dicht gefüllt, mit bis zu 4,5 cm ø, seltener einfach und 5-zählig; einzeln entlang der Zweige; im Herbst oft spärlich nachblühend. Gelegentlich braunschwarze Nüsschen.
Vorkommen Stammt aus China. Häufig in Gärten und Grünanlagen, meist in Gehölzgruppen.
Wissenswertes Ist meist in der gefüllt blühenden Sorte 'Pleniflora' mit rundlichen, gelben „Köpfchen" zu sehen.

Tipp für unterwegs

Außerhalb der Blütezeit werden Deutzien öfter mit den verwandten Pfeifensträuchern verwechselt. Sie haben aber stets hohle Zweige, bei den Pfeifensträuchern dagegen sind die Zweige mit Mark gefüllt.

Hohe Deutzie, Rosen-Deutzie   1,5–2 m
Deutzia × hybrida 'Mont Rose'

Merkmale Strauch mit locker aufrechtem Wuchs, Seitenzweige leicht hängend. Blätter gegenständig, länglich eiförmig, gesägt, 6–10 cm lang. Blüten Mai–Juni, sternförmig, 5-zählig, rosa, im Verblühen weiß, mit leuchtend gelben Staubgefäßen, bis zu 3 cm ø, in doldenartigen Rispen. Ab Herbst kleine, braune, unscheinbare Kapselfrüchte.
Vorkommen Kreuzung zweier ostasiatischer Arten. Recht häufig in Gärten, Parks und Grünanlagen.
Wissenswertes Deutzien werden in mehreren Arten und Hybriden gepflanzt, meist mit ähnlichem Erscheinungsbild. Die wohl beliebteste unter den höherwüchsigen Deutzien ist dieser hier vorgestellte, reich blühende Cultivar.

Tipp für unterwegs

Die braune Borke älterer Pfeifensträucher löst sich oft auffällig in längeren Streifen ab.

Pfeifenstrauch   2–4 m
Philadelphus coronarius

Merkmale Straff aufrechter Strauch, ältere Zweige bogig überhängend. Blätter gegenständig, eiförmig, gezähnt, 6–9 cm lang. Blüten Mai–Juni, schalenförmig, 4-zählig, weiß, 3–4 cm ø, süßlich duftend, zu 5 bis 11 in endständigen Trauben. Ab September kleine, 4-fächrige Fruchtkapseln.
Vorkommen Von Südeuropa bis zum Kaukasus verbreitet. Wird seit dem 16. Jh. in Mitteleuropa gepflanzt; traditioneller Strauch ländlicher Gärten, auch Bauern-Jasmin genannt. Häufig in Gärten, Parks und Grünanlagen.
Wissenswertes Es gibt etliche *Philadelphus*-Sorten und -Hybriden, mit besonders großen oder auch gefüllten Blüten, die allerdings zum Teil nicht duften.

Tipp für unterwegs

Die pollen- und nektarreichen Blüten mit den zahlreichen gelben Staubgefäßen werden häufig von Bienen und Hummeln besucht.

Zierquitte, Scheinquitte   0,8–3 m
Chaenomeles-Arten und -Hybriden

Merkmale Breit buschiger Strauch, Zweige teils überhängend, mehr oder weniger stark bedornt. Blätter wechselständig, eiförmig bis eilänglich, kerbig oder scharf gesägt, 3–8 cm lang, sattgrün glänzend. Blüten März–April, mit dem Laubaustrieb, schalenförmig, 5-zählig, 3–5 cm ø, in Rot-, Rosatönen oder Weiß, mit großen, gelben Staubgefäßen. Ab September apfelähnliche, rundliche Früchte, 4–6 cm ø, gelb, teils mit dunkleren Punkten, duftend, essbar.
Vorkommen In Ostasien beheimatet. In mehreren Sorten in Gärten und Parks, oft in Blütenhecken.
Wissenswertes Die Früchte lassen sich zu Marmelade, Gelee oder Kompott verarbeiten.

Tipp für unterwegs

Ähnlich verdrehte Zweige hat die Korkenzieher-Weide (→ S. 82), die sich aber anhand ihrer schmal lanzettlichen Blätter und im Frühjahr mit den typischen Weidenkätzchen leicht unterscheiden lässt.

Korkenzieher-Hasel   2–6 m
Corylus avellana 'Contorta'

Merkmale Breiter, oft schirmförmiger Strauch, mit spiralig verdrehten und gewundenen Grundtrieben und Zweigen. Blätter wechselständig, unregelmäßig geformt, verdreht und oft stark eingerollt, doppelt gesägt, 5–10 cm lang, beidseits weich behaart. Blütenkätzchen Februar–April, vor dem Laubaustrieb, gelbbraun, hängend. Ab August wenige rundliche, braune Nüsse mit becherartiger Fruchthülle; essbar.
Vorkommen Zierform der Gewöhnlichen Hasel (→ S. 50). Wegen des malerischen, bizarren Wuchses meist in Einzelstellung an exponierten Stellen gepflanzt.
Wissenswertes Zuweilen treiben gerade, straffe Wildtriebe aus der Basis.

Tipp für unterwegs

Anders als bei der Gewöhnlichen Hasel sitzen die Nüsse der Großen Hasel tief in langen Fruchthüllen, die bei der Blut-Hasel rot gefärbt sind.

Blut-Hasel   2–4 m
Corylus maxima 'Purpurea'

Merkmale Breit aufrechter Strauch, im Alter schirmartig ausladend. Blätter wechselständig, rundlich bis breit eiförmig, doppelt gesägt, 6–12 cm lang, im Austrieb leuchtend rot, dann schwarzrot, mit 6 bis 8 tief eingesunkenen Nervenpaaren. Blütenkätzchen Februar–April, vor dem Laubaustrieb, rötlich, hängend. Ab August wenige rundliche, rotbraune Nüsse, umschlossen von rötlicher Fruchthülle.
Vorkommen Cultivar der Großen Hasel *(C. maxima)*. Eins der häufigsten rotlaubigen „Blut"-Gehölze in Gärten, Grünanlagen und Parks.
Wissenswertes An zu schattigen Standorten vergrünen die Blätter.

Mandelbäumchen 1,5–3 m
Prunus triloba

Merkmale Vieltriebiger Strauch, oft baumähnlich auf Stämmchen veredelt. Blätter wechselständig, breit elliptisch, teils auch 3-lappig, scharf gesägt, 3–6 cm lang. Blüten März–Mai, vor oder mit dem Laubaustrieb, rosenähnlich, halb oder dicht gefüllt, hellrosa, bis zu 4 cm ⌀, zahlreich entlang der Zweige. Im Herbst selten rundliche Steinfrüchte.
Vorkommen In China beheimatet. Als Ziergehölz hauptsächlich in Weinbauregionen, z. B. in der Pfalz, da die Blüten sehr empfindlich gegen Spätfröste sind.
Wissenswertes Der echte Mandelbaum *(Prunus dulcis)* verträgt noch deutlich weniger Kälte und ist in Mitteleuropa nur sehr selten zu sehen.

Tipp für unterwegs

Die Blätter mit der lang ausgezogenen Spitze lassen teils eine 3-lappige Form erkennen.

Kolkwitzie 2–3 m
Kolkwitzia amabilis

Merkmale Breit aufrechter Strauch, im Alter mit bogig überhängenden Zweigen. Junge Triebe und Blattstiele borstig behaart. Blätter gegenständig, breit eiförmig, lang zugespitzt, schwach gezähnt, 4–7 cm lang. Blüten Mai–Juni, glockig, 5-zipflig, hellrosa, im Schlund gelb, ca. 1,5 cm lang, in büscheligen Trauben, duftend. Ab September Büschel mit graubraunen, behaarten Fruchtkapseln, lange haftend.
Vorkommen Stammt aus China. Zierstrauch in Gärten, Grünanlagen und an Straßen, teils in Blütenhecken.
Wissenswertes Der hübsche, anspruchslose, trockenheitsverträgliche Strauch wurde in neuerer Zeit zunehmend häufiger gepflanzt, in Privatgärten wie im öffentlichen Grün.

Tipp für unterwegs

Die recht zahlreich in Büscheln erscheinenden, borstig behaarten Früchte sind rund 1 cm lang und tragen die Reste der vertrockneten Kelchblätter an der Spitze.

Liebesperlenstrauch 1,5–3 m
Callicarpa bodinieri var. *giraldii*

Merkmale Aufrechter, locker verzweigter, etwas sparriger Strauch. Blätter gegenständig, elliptisch bis eiförmig, lang zugespitzt, fein gezähnt, 5–12 cm lang; gelbe bis orange Herbstfärbung. Blüten Juli–August, klein, 4-zipflig, lila, in Trugdolden. Ab September zahlreiche kugelige, glänzend lilafarbene bis violette Früchte, bis zu 4 mm dick, in achselständigen Büscheln; schwach giftig.
Vorkommen Stammt aus China. In Gärten und Parks an sonnigen, geschützten Plätzen, da etwas frostempfindlich.
Wissenswertes Auch als Schönfrucht bekannt. Die lila „Liebesperlen" bleiben oft den ganzen Winter haften. Vögel verschmähen sie teils wegen der ungewöhnlichen Farbe.

Tipp für unterwegs

In Parks und großen Gärten werden oft wenigstens 2 Exemplare nebeneinander gepflanzt, weil das die Bestäubung und entsprechend den dekorativen Fruchtbehang fördert.

Tipp für unterwegs

Die bis zu 15 cm langen und breiten, oberseits rauen Blätter entfalten sich erst nach dem Verblühen oder mit den letzten Frühlingsblüten.

Hybrid-Zaubernuss — 3–5 m
Hamamelis × intermedia

Merkmale Strauch mit locker und aufrecht stehenden Zweigen, oft trichterförmig. Blätter wechselständig, breit eiförmig, buchtig gezähnt, an der Basis oft asymmetrisch, 10–15 cm lang; gelbe bis rote Herbstfärbung. Blüten zwischen Dezember und April, je nach Witterung und Sorte, an den nackten Zweigen, bandförmige, gekräuselte Kronblätter, gelb, orange oder rot, in Büscheln. Ab Spätsommer kleine, bräunliche, lange haftende Kapselfrüchte.
Vorkommen Häufig gepflanzte Kreuzung aus Japanischer und Chinesischer Zaubernuss *(Hamamelis japonica* und *H. mollis)*; beliebter Winterblüher in Gärten und Parks.
Wissenswertes Fast immer in Einzelstellung gepflanzt.

Tipp für unterwegs

Die großen, derben Blätter sind meist satt dunkelgrün und unterseits deutlich heller.

Garten-Hortensie — 1–1,5 m
Hydrangea macrophylla

Merkmale Kompakter Strauch, bis zu 3 m breit. Blätter gegenständig, eiförmig, meist grob gesägt oder gezähnt, bis zu 15 cm lang. Blüten Juli–September, je nach Sorte ballförmige bis halbkugelige Blütenstände oder flache bis gewölbte Schirmrispen; ballförmige Stände mit 12–22 cm ø, Blüten rot, rosa oder blau, sämtlich steril; Schirmrispen bis zu 20 cm ø, innere, fertile Blüten klein und oft blau, seltener rosa, äußere, sterile Blüten größer, weiß, rosa oder hellviolett.
Vorkommen In Japan und Korea beheimatet. Zierstrauch in Gärten, Vorgärten und Parks.
Wissenswertes Hortensien mit ballförmigen Blütenständen sind auch als Bauern-Hortensien bekannt.

Tipp für unterwegs

Statt der namensgebenden, stachelig gezähnten Blätter tragen ältere und selten geschnittene Stechpalmen oft ganzrandige Blätter.

Gewöhnliche Stechpalme, Hülse — 2–8 m
Ilex aquifolium

Merkmale Strauch oder kleiner Baum, meist kegelförmig und dicht. Immergrün; Blätter wechselständig, eiförmig bis lanzettlich, stachelig gezähnt, 3–8 cm lang, ledrig, dunkelgrün glänzend; Altersblätter oft ganzrandig. Zweihäusig; Blüten Mai–Juni, klein, weiß, büschelig in den Blattachseln. An weiblichen Pflanzen ab September erbsengroße, glänzend rote Steinfrüchte, lange haftend; giftig!
Vorkommen Wild zerstreut in Wäldern, v. a. im Westen, Nordwesten und Alpenvorland. Gepflanzt in Feldhecken, Sorten in Gärten und Grünanlagen als Ziergehölze.
Wissenswertes Ziersorten haben teils gelb gerandete oder auch kaum bestachelte Blätter.

Tipp für unterwegs

Die Blüten öffnen sich bei mildem Wetter schon im November oder Dezember, erfrieren aber bei stärkeren Frösten. Hauptblüte ist meist Ende Februar–März.

Bodnant-Schneeball
Viburnum × bodnantense 'Dawn'   2–3 m

Merkmale Aufrechter, sparrig verzweigter Strauch. Blätter gegenständig, länglich elliptisch, gesägt, 4–10 cm lang, runzlig, mit rötlichem Stiel; dunkelrote Herbstfärbung. Blüten November–April je nach Witterung, klein, trichterförmig, 5-zählig, rosa, in endständigen, dichten Rispen an nackten Zweigen; intensiv duftend. Ab Spätsommer selten kleine, bläuliche Steinfrüchte; schwach giftig.
Vorkommen Kreuzung zweier ostasiatischer Arten. Beliebter Winter-/Frühblüher für geschützte Plätze.
Wissenswertes Ähnlich präsentiert sich der Duftschneeball *(Viburnum farreri)*, eine der Elternarten dieser Kreuzung, der recht starke Ausläufer bildet.

Tipp für unterwegs

In Grünanlagen sieht man öfter wenig gepflegte, deutlich unter Trockenheit, Hitze und Blattläusen leidende Exemplare, die nichtsdestotrotz mit Ausläufern kleine Dickichte bilden.

Garten-Schneeball
Viburnum opulus 'Roseum'   2–4 m

Merkmale Breit aufrechter, dicht verzweigter Strauch. Blätter gegenständig, 3- bis 5-lappig, grob gezähnt, 8–12 cm lang, unterseits meist behaart; wein- bis dunkelrote Herbstfärbung. Blüten Mai–Juni, in zahlreichen ballförmigen Trugdolden, bis zu 8 cm ⌀, erst grünlich weiß, dann reinweiß, im Verblühen rosa überhaucht.
Vorkommen Cultivar des Gewöhnlichen Schneeballs (→ S. 72). In Gärten und Parks eine der häufigsten Schneeballarten, meist in exponierter Einzelstellung.
Wissenswertes Die Blütenbälle bestehen nur aus sterilen Einzelblütchen. Entsprechend bilden diese Sträucher – anders als die Art – keine Früchte.

Tipp für unterwegs

Die Blätter sind je nach Sorte recht variabel geformt und nicht immer so eindeutig 3-lappig, wie es diese Abbildung zeigt.

Strauch-Eibisch
Hibiscus syriacus   1,5–2 m

Merkmale Straff aufrechter, oft trichterförmiger Strauch. Blätter wechselständig, ei- bis rautenförmig, mehr oder weniger 3-lappig, kerbig gesägt bis grob gezähnt, 5–10 cm lang. Blüten Juni–September, kelchförmig, mit 5 schalenartig geöffneten Kronblättern und herausragendem, von der Staubblattröhre umgebenem Griffel, 5–10 cm ⌀, je nach Sorte weiß, rosa, rot oder blauviolett, oft mit rotem Fleck in der Mitte. Ab September kleine, braune Kapselfrüchte.
Vorkommen In China, Korea und Indien beheimatet. Beliebter, allerdings im Jugendstadium recht frostempfindlicher Blütenstrauch in Gärten und Parks.
Wissenswertes Etliche Sorten, teils mit gefüllten Blüten.

Tipp für unterwegs

Oft werden Blut-Johannisbeeren zusammen mit Forsythien gepflanzt, um dann im Frühjahr ein attraktives, rot-gelbes Blütenschauspiel zu bieten.

Blut-Johannisbeere 1,5–3 m
Ribes sanguineum

Merkmale Breit aufrechter, dicht verzweigter Strauch; unbedornt. Blätter im Umriss rundlich, 3- bis 5-lappig, 5–10 cm lang, runzlig, unterseits graufilzig. Blüten April–Mai, mit dem Laubaustrieb, klein, röhrenförmig, 5-zipfelig, rosa bis tiefrot, zu 10 bis 20 in hängenden, bis zu 8 cm langen Trauben. Ab Spätsommer erbsengroße, rundliche, blauschwarze, weiß bereifte Beeren, fad schmeckend.
Vorkommen Stammt aus Nordamerika, seit 1826 in Europa als Zierstrauch gepflanzt. Häufig in Gärten, Grünanlagen und Parks, in Blütenhecken und in Einzelstellung.
Wissenswertes Die Blüten ziehen zahlreiche Bienen, Hummeln und Schmetterlinge an.

Tipp für unterwegs

Die seltenere Schwarze Johannisbeere *(Ribes nigrum)* hat ähnliche Blätter (Zeichnung), die aber beim Zerreiben stark und eigentümlich riechen. Sie weisen blattunterseits gelbliche Drüsenpunkte auf.

Rote Johannisbeere 1–2 m
Ribes rubrum

Merkmale Breit aufrechter Strauch, oft auch auf Stämmchen gezogen; unbedornt. Blätter im Umriss rundlich, 3- bis 5-lappig, Lappen stumpf bis spitz, gezähnt, 4–10 cm breit. Blüten April–Mai, klein, krugförmig, 5-zipfelig, gelbgrün, meist zu mehr als 15 in hängenden oder abstehenden Trauben. Ab Ende Juni rote, bei manchen Sorten auch gelblich weiße Beeren in langen Trauben, süß-säuerlich.
Vorkommen Selten wild in feuchten Au- und Bruchwäldern. Kultursorten häufig in Gärten und Obstanlagen.
Wissenswertes Die frühesten Sorten reifen bereits um den Johannistag am 24. Juni, was dieser Obstart und ihren Verwandten ihren deutschen Namen verlieh.

Tipp für unterwegs

Die Dornen an den Zweigen stehen zu 1 bis 3 beieinander. Manche Kultursorten sind allerdings kaum noch bedornt.

Stachelbeere 0,5–1,5 m
Ribes uva-crispa

Merkmale Dicht verzweigter Strauch, oft auch auf Stämmchen gezogen; Zweige mit kurzen, kräftigen Dornen. Blätter wechselständig, rundlich, 3- bis 5-lappig, gekerbt, 2–6 cm breit. Blüten April–Mai, klein, krugförmig, 5-zipfelig, grüngelb bis rotbraun, zu 1 bis 3 in den Blattachseln. Ab Juli über 1 cm dicke Beeren, meist mit kurzen Härchen, je nach Sorte rot, gelb oder grün, süß-säuerlich.
Vorkommen Selten wild oder verwildert in Gebüschen, in Au- und Schluchtwäldern, an Zäunen und Burgmauern. Kultursorten häufig in Gärten und Obstanlagen.
Wissenswertes Wildformen bringen nur erbsengroße, bräunliche Früchte hervor.

Tipp für unterwegs

Bei manchen Kultursorten blühen die Ruten schon im 1. Jahr, sodass sie zwischen August und Oktober Früchte tragen und, falls nicht zurückgeschnitten, nochmals im folgenden Sommer.

Echte Himbeere
Rubus idaeus   0,5–2 m

Merkmale Oft dickichtartiger Halbstrauch; erneuert sich durch jährlich aus dem Boden treibende, schwach verholzende, fein bestachelte Ruten, die im 2. Jahr an kurzen Seitentrieben fruchten und danach absterben. Blätter wechselständig, unpaarig gefiedert, 3- bis 7-zählig mit gestieltem Endblättchen, Blättchen eiförmig, doppelt gesägt, 5–10 cm lang, oberseits runzlig, unterseits weißfilzig. Blüten Mai–Juni, klein, weiß, nickend, zu wenigen in Rispen. Ab Juli halbkugelige, rote, rosa oder gelbe Sammelfrüchte, saftig süß.
Vorkommen Wild auf Waldlichtungen, an Waldrändern und in Gebüschen. Kultursorten in Gärten und Obstanlagen.
Wissenswertes Wird meist an Drahtspalieren gezogen.

Tipp für unterwegs

Die „Beeren" setzen sich aus kleinen Steinfrüchten zusammen und werden deshalb auch als Sammelsteinfrüchte bezeichnet. Oft sind zur selben Zeit grüne, rote und schwarze Früchte am Strauch zu sehen.

Brombeere
Rubus sect. *rubus*   0,5–2 m

Merkmale Oft dickichtartiger, stark Ausläufer bildender Strauch mit langen, überhängenden oder kletternden, meist dicht bestachelten Trieben. Teils wintergrün; Blätter wechselständig, unpaarig gefiedert, 3- bis 7-zählig, Blättchen 5–10 cm lang, gezähnt, Endblättchen lang gestielt, unterseits graugrün oder weißfilzig. Blüten Mai–August, bis zu 3 cm groß, weiß oder zartrosa. Ab Juli rundliche, erst rote, dann schwarz glänzende Sammelsteinfrüchte, herb süß.
Vorkommen Wild in Gebüschen, an Lichtungen und Waldrändern. In Gärten und Obstanlagen, auch als Hecke.
Wissenswertes Wird in mehreren großfrüchtigen, teils unbestachelten Sorten angebaut, meist am Drahtspalier.

Tipp für unterwegs

Alle Rosen sind Sträucher, von Zwergrosen bis hin zu Kletterrosen. Als Strauchrosen im engeren Sinn bezeichnet man buschig wachsende, dicht verzweigte Sorten, die nur gelegentlich ausgelichtet werden.

Strauchrose
Rosa-Hybriden   1–3 m

Merkmale Breit buschiger Strauch, aufrecht oder mit bogig überhängenden Zweigen, mehr oder weniger stark bestachelt. Blätter wechselständig, unpaarig gefiedert, meist 5-teilig, Blättchen eiförmig bis elliptisch, gesägt, 4–12 cm lang. Blüten meist Juni–Oktober, teils nur Juni–Juli, selten ab Mai; überwiegend gefüllt, seltener einfach, 5–12 cm ø, in dichten Büscheln, oft nur schwach duftend oder duftlos, in vielen Farben, je nach Sorte.
Vorkommen Kreuzungen aus verschiedenen Arten und Sorten. Häufig gepflanzte Ziersträucher, oft auch in Hecken.
Wissenswertes Die roten, eiförmigen bis rundlichen Hagebutten werden nur bei einfach blühenden Sorten gebildet.

Nordmanns-Tanne · 25–30 m
Abies nordmanniana

Tipp für unterwegs

An älteren Bäumen fallen schon im Winter die breit kegelförmigen, weitgehend harzfreien Knospen auf.

Merkmale Baum mit kegelförmiger Krone, gleichmäßig vom Boden her beastet. Borke lange grau und glatt, im Alter graubraun, in Platten aufreißend. Immergrün; Nadeln 2–3 cm lang, meist an der Spitze eingeschnitten, stark glänzend, unterseits mit 2 weißen Streifen; schraubig angeordnet, an Schattenzweigen 2-zeilig. Zapfen zylindrisch, 12–18 cm lang, aufrecht, rot- bis dunkelbraun, mit hakig nach außen gebogenen Deckschuppen; oft mit Harztropfen.
Vorkommen Im Kaukasus und in Kleinasien beheimatet. Eindrucksvoller, attraktiver Parkbaum.
Wissenswertes Zählt aufgrund ihres sehr regelmäßigen Wuchsbilds zu den beliebtesten Weihnachtsbäumen.

Silber-Tanne, Blau-Tanne · 15–20 m
Abies procera 'Glauca'

Tipp für unterwegs

Trotz ihrer Größe und ansprechenden Benadelung wirkt die Silber-Tanne nicht unbedingt eindrucksvoll: Man sieht sie oft mit sehr lückigem Aufbau und kahlen Gipfeltrieben.

Merkmale Locker kegelförmiger, oft unregelmäßig beasteter Baum. Borke grau, im Alter in rechteckigen Platten aufreißend. Immergrün; Nadeln blauweiß, um 3 cm lang, flach, mit der Basis dem Zweig anliegend, nach oben sichelförmig abbiegend; sehr dicht gedrängt, an den Zweigunterseiten leicht gescheitelt. Zapfen bereits an jungen Bäumen, aufrecht, zylindrisch, bis zu 25 cm lang und 8 cm dick, mittel- bis purpurbraun, mit langen, spitzen Deckschuppen.
Vorkommen Stammt aus Nordamerika. Zierbaum in Parks und Gärten, fast nur in der blaunadeligen Sorte 'Glauca'.
Wissenswertes Auch Edel-Tanne genannt; bildet unter allen Tannenarten die größten, auffälligsten Zapfen aus.

Korea-Tanne · 5–10 m
Abies koreana

Tipp für unterwegs

Die schon im Jugendstadium gebildeten Zapfen zeigen während der Reife verschiedene Violett- und Blautöne. Davon heben sich die gelblichen bis hellbraunen, kaum hervorstehenden Deckschuppen ab.

Merkmale Baum mit breit kegelförmiger Krone und etagenartig angeordneten, fast waagerechten Ästen. Borke grau bis rotbraun, mit Korkwarzen. Immergrün; Nadeln 1–2 cm lang, flach, stumpf, an der Spitze oft eingekerbt, oberseits glänzend grün, unterseits weiß mit grünem Mittelstreifen; bürstenartig rund um die Zweige. Bereits an jungen Bäumen zahlreiche Zapfen, aufrecht, zylindrisch, 5–7 cm lang, unreif violett überlaufen, bei Reife dunkel violettbraun bis bläulich.
Vorkommen Die Herkunft verrät der Name. Eine der häufigsten Tannen in Gärten, Grünanlagen und Parks.
Wissenswertes Gehört nicht nur zu den attraktivsten Tannen, sondern auch zu den kleinsten und wächst langsam.

Tipp für unterwegs

Die Zweige sind auffällig gelbbraun. Je nach Stellung am Zweig zeigen teils die silbrigen Unterseiten nach oben.

Sitka-Fichte
Picea sitchensis

15–35 m

Merkmale Kegelförmiger Baum mit anfangs aufstrebenden, später fast waagerechten Ästen. Borke grau- bis rotbraun, schuppig; Zweige glänzend gelbbraun. Immergrün; Nadeln 1,5–2,5 cm lang, stark zugespitzt, steif und stechend, unterseits durch 2 breite, bläulich weiße Streifen silbrig wirkend; rund um den Zweig angeordnet, an den Unterseiten teils gescheitelt. Zapfen zylindrisch, hängend, gelbbraun, 5–10 cm lang, weich, kaum harzig.
Vorkommen Stammt aus Nordamerika. Gelegentlich in Parks; wurde früher recht häufig in Gärten gepflanzt.
Wissenswertes Wird hauptsächlich in West- und Nordwesteuropa auch als Forstbaum verwendet.

Tipp für unterwegs

Das prägnante Blau der Nadeln geht bei alten Bäumen öfter in ein mattes Grün über, ebenso bei Exemplaren, die zu schattig stehen.

Blaue Stech-Fichte
Picea pungens 'Glauca'

10–20 m

Merkmale Baum mit gleichmäßig kegelförmiger Krone und fast waagerechten Ästen. Borke grau- bis rotbraun, schuppig; junge Zweige bläulich, später orangebraun. Immergrün; Nadeln 1,5–3 cm lang, stechend spitz, 4-kantig, stahlblau bis blaugrün, rundum am Zweig stehend. Zapfen oft leicht zugespitzt, hängend, 6–10 cm lang, rot- bis hellbraun.
Vorkommen Stammart in Nordamerika beheimatet. Robust und genügsam; eins der häufigsten Nadelgehölze in Parks und Gärten, meist als 'Glauca' oder in ähnlichen blaunadeligen Sorten.
Wissenswertes Zählt als „Blautanne" seit langem zu den beliebtesten Weihnachtsbäumen.

Tipp für unterwegs

Von der Zuckerhut-Fichte gibt es einige züchterische Varianten, etwa mit hellblauen Nadeln oder sehr niedrigem, kompaktem Wuchs.

Zuckerhut-Fichte
Picea glauca 'Conica'

1,5–4 m

Merkmale Kleiner Baum mit streng kegelförmigem, geschlossenem Wuchs und dünnen, biegsamen Zweigen. Immergrün; Nadeln um 1 cm lang, spitz, dünn und weich, frischgrün bis bläulich grün, locker rundum am Zweig stehend. Bildet keine Zapfen.
Vorkommen Entstand als natürliche Mutation der nordamerikanischen Schimmel-Fichte *(Picea glauca)*. Häufig in Gärten, Vorgärten und Grünanlagen, oft auch in Friedhöfen.
Wissenswertes Die Schimmel-Fichte, einen bis zu 30 m hohen, graugrün benadelten Baum, sieht man nur gelegentlich in Botanischen Gärten. Zu ihren Sorten gehört auch die rundliche Zwergform 'Echiniformis' (Igel-Fichte).

Tipp für unterwegs

Die gelblichen, kolbenartigen, männlichen Blütenstände erscheinen gehäuft am Grund von Langtrieben.

Schwarz-Kiefer   20–30 m
Pinus nigra

Merkmale Baum mit anfangs kegelförmiger, später schirmförmiger Krone. Borke dunkelgrau bis schwarzbraun, tief gefurcht. Immergrün; Nadeln steif, stechend, dunkelgrün, 8–15 cm lang, in Zweierbüscheln rund um den Zweig. Blütenstände Mai–Juni, recht auffällig, bis zu 4 cm lang, männliche gelb und zu vielen, weibliche rötlich. Zapfen eibis kegelförmig, 4–8 cm lang, waagerecht abstehend, braun.
Vorkommen In Südeuropa und Kleinasien beheimatet, natürliche Verbreitung im Nordwesten bis Österreich. Häufig in Parks und Grünanlagen; gebietsweise auch als Forstbaum.
Wissenswertes Wird im Siedlungsbereich auch in einer höchstens 6 m hohen, schmalen Säulenform gepflanzt.

Tipp für unterwegs

Die Nadeln der Kiefern stehen zu 2 bis 3 oder zu 5 beisammen, jeweils am Grund von einer häutigen Scheide umgeben. Die Weymouths-Kiefer ist eine typische Vertreterin der 5-nadeligen Kiefern.

Weymouths-Kiefer, Strobe   20–40 m
Pinus strobus

Merkmale Baum mit locker aufgebauter Krone, jung kegelförmig, im Alter breit ausladend. Borke dunkelgrau, längsrissig, tief gefurcht. Immergrün; Nadeln weich, dünn, blaugrün, 5–15 cm lang, zu 5 in Büscheln, die rundum am Zweig stehen. Blütenstände Mai–Juni, klein, gelbgrün und rötlich. Zapfen schmal zylindrisch, 10–20 cm lang, hellbraun, kurz gestielt, erst aufrecht, dann hängend.
Vorkommen Stammt aus Nordamerika. Zierbaum in Parks und großen Gärten, gebietsweise auch als Forstbaum.
Wissenswertes Wird recht häufig vom Blasenrost befallen; diese Pilzkrankheit, die im Frühsommer auf Johannisbeeren überwechselt, kann die Bäume zum Absterben bringen.

Tipp für unterwegs

Die gekrümmten, oft stark verdrehten Nadeln stehen in Fünferbüscheln pinselartig gehäuft an den Zweigenden.

Mädchen-Kiefer   3–8 m
Pinus parviflora

Merkmale Kleinbaum mit locker kegelförmiger, unregelmäßiger Krone, Astspitzen meist aufsteigend. Borke grau, schuppig. Immergrün; Nadeln dünn, um 5 cm lang, zu 5 in Büscheln, an den Zweigenden gehäuft, oft gekrümmt und gedreht, sodass die bläulich weiße Innenseite nach außen zeigt. Blütenstände Mai–Juni, klein, rötlich. Zapfen eiförmig, 5–10 cm lang, häufig zu 2 bis 4 beieinander, braun; mehrere Jahre an den Zweigen verbleibend.
Vorkommen In Japan beheimatet. Recht häufig in Gärten, Parks und Grünanlagen.
Wissenswertes Meist sieht man die ansprechende Sorte 'Glauca' mit silbrig blaugrünen Nadeln.

Tipp für unterwegs

Anders als bei der Europäischen Lärche (→ S. 30) erscheinen die Zapfen bei Reife deutlich geöffnet: Die Schuppen sind am Rand nach außen umgerollt. Die Zapfen bleiben mehrere Jahre am Baum.

Japanische Lärche   25–30 m
Larix kaempferi

Merkmale Baum mit breit kegelförmiger Krone und waagerechten Ästen. Borke graubraun, gefurcht. Junge Zweige rotbraun. Nadeln weich, 2–3,5 cm lang, blaugrün, unterseits mit 2 hellen Streifen; an Kurztrieben zu 40 bis 50 in Büscheln, an Langtrieben schraubig; fallen nach goldgelber Verfärbung im Spätherbst ab. Blütenstände April–Mai, vor dem Nadelaustrieb, weibliche rötlich, eiförmig, männliche unscheinbar. Zapfen eiförmig, braun, aufrecht, 2–3 cm lang.
Vorkommen In Bergwäldern Japans beheimatet. Park- und Gartenbaum; auch als Forstbaum, v. a. in Norddeutschland.
Wissenswertes Wird häufig in der höchstens 10 m hohen Hängeform 'Pendula' gepflanzt.

Tipp für unterwegs

Erst im Herbst erscheinen die Blüten an Kurztrieben im Zentrum eines Nadelbüschels. Die zylindrischen, männlichen Ähren sind gelblich und bis zu 5 cm lang.

Blaue Atlas-Zeder   10–20 m
Cedrus atlantica 'Glauca'

Merkmale Baum mit breit kegelförmiger, lockerer Krone, im Alter unregelmäßig ausladend. Borke dunkelgraubraun, schuppig. Immergrün; Nadeln steif, spitz, 2–3 cm lang, blaugrün bis -grau; an Kurztrieben in Büscheln zu 40 bis 50, an Langtrieben entfernt schraubig. Ab September recht auffällige, gelbbraune, männliche Blütenstände, bis zu 5 cm lang; weibliche kleiner, blaugrün bis rötlich. Zapfen tonnenförmig, aufrecht, braun, bis zu 8 cm lang.
Vorkommen Stammart in Nordafrika im Atlasgebirge beheimatet. In Parks und Gärten, v. a. in wärmeren Regionen.
Wissenswertes In strengen Wintern verliert der Baum seine Nadeln, treibt aber im Frühjahr wieder aus.

Tipp für unterwegs

Die scheitelartigen Nadelreihen wirken etwas „wirr", da an den Zweigoberseiten oft einige kürzere und leicht verdrehte, mit der Unterseite nach oben weisende Nadeln stehen.

Kanadische Hemlocktanne   10–20 m
Tsuga canadensis

Merkmale Baum mit breit kegelförmiger, lockerer Krone, öfter mehrstämmig, meist bis zum Boden beastet. Borke grau- bis rotbraun, schuppig. Immergrün; Nadeln nur bis zu 1,5 cm lang, flach, stumpf, undeutlich in 2 Reihen, oberseits glänzend grün, unterseits mit 2 blauweißen Streifen. Zapfen eiförmig, um 2 cm lang, hängend, braun.
Vorkommen Stammt aus Nordamerika. Zierbaum in Parks; in Gärten meist in kleineren Cultivaren.
Wissenswertes Die größte Gartenform ist 'Pendula' mit 3–5 m Höhe und schleppenartig herabhängenden Zweigen. Zwergformen werden höchstens meterhoch und wachsen meist halbkugelig.

Eine besondere Erscheinung bietet die 4–8 m hohe Adlerschwingen-Eibe ('Dovastoniana'): Sie hat fast waagerechte Äste mit überhängenden Spitzen und mähnenartig herabhängenden Zweigen.

Gewöhnliche Eibe, Cultivare · 0,5–8 m
Taxus baccata in Sorten

Merkmale Von der Gewöhnlichen Eibe (→ S. 54) werden Cultivare in den unterschiedlichsten Wuchsformen gepflanzt: häufig Säulen- und schmale Kegelformen, 2–8 m hoch, 2–4 m breit; außerdem kissenförmig ausgebreitete und kugelige, höchstens 1 m hohe Sorten. Von allen gibt es Varianten mit grün- bis goldgelben Nadeln. Ansonsten gelten die Merkmale wie auf S. 34 beschrieben. Alle Teile mit Ausnahme des roten Samenmantels sind giftig!
Vorkommen Oft an schattigen Plätzen gepflanzt.
Wissenswertes Ähnlich sind die Becher- oder Hecken-Eiben *(Taxus × media)*, die säulen- bis breit kegelförmig wachsen, 3–5 m hoch sind und reichlich Früchte bilden.

Die markanteste Säulenform zeigt der höchstens 1 m breite Raketen-Wacholder *(Juniperus scopulorum* 'Skyrocket'; Foto Mitte rechts) mit blaugrünen Nadel- und Schuppenblättern (Zeichnung).

Wacholder, Cultivare · 0,3–8 m
Juniperus communis u. a. in Sorten

Merkmale Beim Wacholder dominieren straffe Säulenformen, meist 2–5 m hoch und höchstens 1,5 m breit; außerdem flach teppichförmige, bis zu 3 m breite Formen. Oft handelt es sich um Sorten des Gewöhnlichen Wacholders (→ S. 54), mit grundsätzlich denselben Merkmalen. Die Nadeln sind meist blau-, matt- oder dunkelgrün, seltener gelbgrün. Auch die Sorten anderer Wacholderarten wachsen säulenförmig oder flach ausgebreitet. Sie unterscheiden sich vom Gewöhnlichen Wacholder meist dadurch, dass sie sowohl schuppenförmige als auch nadelförmige Blätter ausbilden.
Vorkommen Überwiegend nur an sonnigen Plätzen.
Wissenswertes Die Sorten bilden teils keine Früchte.

An älteren Exemplaren überwiegen die stumpfen Schuppenblätter, die beim Zerreiben harzig duften.

Chinesischer Wacholder · 1–8 m
Juniperus chinensis in Sorten

Merkmale Strauch, je nach Sorte breit kegel-, säulen- oder trichterförmig. Zweige meist zierlich. Immergrün; Blätter teils schuppenförmig, teils nadelförmig; Schuppenblätter dachziegelartig anliegend, Nadeln kurz, spitz stechend, zu 3 in Wirteln oder zu 2 gegenständig; je nach Sorte grün, blaugrün oder gelb. Erbsengroße Beerenzapfen, bläulich weiß bereift, nach Abwischen braun.
Vorkommen Stammart in China beheimatet. Sorten häufig in Gärten und Grünanlagen, fast nur an sonnigen Plätzen.
Wissenswertes Eine Hybride dieser Art ist der früher vielfach gepflanzte, breit ausladende Pfitzer-Wacholder *(Juniperus × media* 'Pfitzeriana'; meist schuppenblättrig).

Tipp für unterwegs

Die unreifen Zapfen sind schmal, gelblich und stehen aufrecht.

Abendländischer Lebensbaum
Thuja occidentalis   0,3–20 m

Merkmale Baum oder Strauch, kegelförmig, dicht verzweigt; Sorten in höchstens 10 m hohen, kompakten Kegel- oder Säulenformen oder als rundliche Zwergsträucher. Immergrün; Zweige fächerartig, mit schuppenförmigen, dachziegelartig anliegenden Blättern, diese im oberen Drittel mit Drüsen, herb aromatisch duftend, matt dunkelgrün, im Winter oliv bis bronzefarben; Sorten teils grün- bis goldgelb. Zapfen länglich, gelb bis rötlich braun, um 1 cm lang, mit 4 bis 5 Schuppenpaaren, die zur Reife abspreizen.
Vorkommen Stammt aus Nordamerika. Sehr häufig in Gärten und Grünanlagen, v. a. in Schnitthecken.
Wissenswertes Alle Pflanzenteile sind stark giftig!

Tipp für unterwegs

Sicherstes Unterscheidungsmerkmal zum Lebensbaum: die rundlichen, anfangs blauweiß bereiften Zapfen. Hängender Gipfeltrieb sowie rote Blüten sind bei Sorten nicht immer deutlich erkennbar.

Lawsons Scheinzypresse
Chamaecyparis lawsoniana   1–20 m

Merkmale Baum oder Strauch, kegelförmig, dicht verzweigt; Gipfeltrieb und Zweigspitzen oft überhängend. Sorten in höchstens 10 m hohen Kegel- oder Säulenformen oder als rundliche Zwergsträucher. Immergrün; Zweige fächerartig, unterseits leicht weißfleckig; Blätter schuppenförmig, dicht dachziegelartig, herb aromatisch duftend, frisch- bis blaugrün; Sorten oft blau oder gelb. Im April rötliche Blütenstände (männlich) an den Zweigspitzen. Zapfen kugelig, etwa 1 cm ø, anfangs bläulich, später rotbraun.
Vorkommen Stammt aus Nordamerika. Häufig in Gärten und Grünanlagen, in Schnitthecken und Einzelstellung.
Wissenswertes Alle Pflanzenteile sind giftig!

Tipp für unterwegs

Zuweilen sieht man auch die Sorte 'Glauca' mit blaugrünen Schuppenblättern. Sie wächst regelmäßig kegelförmig, ebenfalls mit bogig aufstrebenden Ästen; ihre Zweige hängen jedoch nicht herab.

Nutka-Scheinzypresse
Xanthocyparis nootkatensis 'Pendula'   8–12 m

Merkmale Baum mit unregelmäßig kegelförmiger Krone, Äste meist bogig aufwärts, Zweige mähnenartig herabhängend. Immergrün; Zweige fächerartig; Schuppenblätter scharf zugespitzt, stechend, matt dunkelgrün, beim Zerreiben streng riechend. Zapfen kugelig, etwa 1 cm ø, anfangs bläulich, später rotbraun.
Vorkommen Cultivar einer nordamerikanischen Art. Malerischer Baum, des Öfteren in Parks und Grünanlagen, seltener in Gärten.
Wissenswertes Die Art wurde bislang der Gattung *Chamaecyparis* zugeordnet und wird im Deutschen auch Alaskazypresse genannt. Alle Pflanzenteile sind giftig!

Sicheltanne 8–25 m
Cryptomeria japonica

Merkmale Baum mit schmal kegelförmiger, locker etagenartig aufgebauter Krone. Borke rotbraun, in Längsstreifen ablösend. Immergrün; Nadeln sichelartig einwärts gekrümmt, spitz, aber nicht stechend, 6–20 mm lang, in 5 schraubig verlaufenden Reihen entlang der Zweige; dunkelgrün, im Winter blaugrün, bei strenger Kälte rotbraun verfärbt. Zapfen kugelig, 1–3 cm dick, braun, mit zahlreichen Zapfenschuppen mit hakenartigen Fortsätzen.
Vorkommen In Japan und China beheimatet. Ansprechender Parkbaum, kleinere Formen auch in Gärten.
Wissenswertes Eine auffällige Gartenform ist 'Cristata' mit hahnenkammartig verbänderten Zweigpartien.

Tipp für unterwegs

Charakteristisch und namensgebend sind die sichelförmig gebogenen Nadeln.

Mammutbaum, Wellingtonie 30–50 m
Sequoiadendron giganteum

Merkmale Stattlicher Baum mit schmal kegelförmiger, im Alter breit lockerer Krone; Äste abwärts geneigt. Borke rotbraun, dick, schwammig und faserig. Immergrün; Nadeln pfriemenförmig und spitz, schuppenähnlich, am Zweig anliegend, 5–12 mm lang, blaugrün; in 3 Reihen schraubig angeordnet. Zapfen eiförmig, 4–8 cm lang, bleibt lange ledrig grün, später rotbraun.
Vorkommen In Nordamerika beheimatet: In Mitteleuropa gelegentlich als Waldbaum, sonst in Parks und Arboreten.
Wissenswertes Der eindrucksvolle Mammutbaum erreicht in seiner Heimat Höhen von rund 100 m, bis zu 8 m Stammdurchmesser und ein Alter von etwa 3000 Jahren.

Tipp für unterwegs

Die kleinen, pfriemenförmigen Nadeln liegen zum größten Teil dem Zweig an, nur die Spitzen stehen ab. An Nebentrieben werden sie kaum länger als 5 mm.

Chilenische Araukarie 8–20 m
Araucaria araucana

Merkmale Baum mit fast waagerechten Ästen, die etagenartig in Quirlen am Stamm abgehen; locker kegelförmig. Borke dunkelgrau, dick, im Alter in Platten aufreißend. Immergrün; Nadeln breit dreieckig, steif, zugespitzt, bis zu 5 cm lang, dunkelgrün, dachziegelartig angeordnet. Zweihäusig; männliche Blütenstände schmal, 8–12 cm lang, hängend, rot, dann braun; weibliche in rundlichen, grünen Zapfen, bei Reife braun, 15–20 cm ø, mit großen Samen.
Vorkommen In den Anden beheimatet. In wintermilden Regionen als Zierbaum in Parks, Gärten und Vorgärten.
Wissenswertes Den eigenartig urtümlichen Baum gibt es schon seit rund 180 Millionen Jahren.

Tipp für unterwegs

Die 2–4 cm langen, keilförmigen Samen in den weiblichen Zapfen sind essbar und werden im Spanischen „Pinones" genannt, da sie an Pinienkerne erinnern.

Register

Register

Zum Weiterlesen

Bachofer, Mark und Mayer, Joachim: **Der neue Kosmos-Baumführer**, Kosmos Verlag 2008
Stellt in einer einzigartigen Kombination aus Farbfotos und Farbzeichnungen die wichtigsten mitteleuropäischen Arten vor: 315 Bäume mit Detailabbildungen zu Blatt und Blüte, Borke und Zweig; dazu 55 häufige Sträucher mit brillanten Farbfotos.

Bärtels, Andreas: **Gehölze von A–Z**, Ulmer Verlag 2009
Bietet einen Überblick über zahlreiche Gartenbäume und -sträucher, mit rund 1500 Arten und Sorten. Mit ausführlichen Tipps zu Gestaltung, Pflanzung, Pflege und Gehölzschnitt.

Beiser, Rudi: **Tee aus Kräutern und Früchten**, Kosmos Verlag 2010
Fast 70 heimische Pflanzen, die wir für schmackhafte Tees sammeln und zubereiten können. Mit Tipps für die Wildkräuterküche und Rezepten.

Dreyer, Wolfgang: **Der Kosmos-Waldführer**, Kosmos Verlag 2009
Der Begleiter für jeden Waldspaziergang – er porträtiert Tiere, Pflanzen und auch Pilze. Für jedes Wetter gewappnet, da in praktischer Plastikhülle.

Flück, Markus: **Welcher Pilz ist das?**, Kosmos Verlag 2009
270 Pilzarten Mitteleuropas finden, sicher bestimmen und verwerten. Erklärt sind auch die Baumpartner der Pilze.

Hageneder, Fred: **Die Weisheit der Bäume.** Mythos, Geschichte, Heilkraft, Kosmos Verlag 2009
Beeindruckender Bildband zu jenen Bäumen, die seit jeher in ganz enger Verbindung zum Menschen stehen. Spannende Hintergründe zu religiösen und mythologischen Aspekten wie auch zur Heilkraft oder Nutzung.

Mayer, Joachim und Schwegler, Heinz-Werner: **Welcher Baum ist das?** Kosmos Verlag 2008
Über 600 Arten, die eindeutig beschrieben und mit aussagekräftigen Farbfotos vorgestellt sind. Ein klarer und ausführlicher Schlüssel in Verbindung mit einem Farbcode erleichtert das Bestimmen. Nützliche Sonderteile: Winterknospen, Samen und Früchte, Borken, Silhouetten der Wuchsformen, die giftigsten Gehölze.

Oftring, Bärbel: **Ab in den Wald!** Kosmos Verlag 2011
Das Erlebnisbuch: 88 Ideen für die ganze Familie, wie man den Wald im Frühling, Sommer, Herbst und Winter entdecken und erleben kann.

Spohn, Margot: **Kosmos-Baumführer Europa**, Kosmos Verlag 2011
Der einzige Naturführer zu allen europäischen Bäumen. 680 Arten, die umfassend mit einzigartigen Zeichnungen illustriert sind: Wuchsform sowie Details wie Blätter, Blüten, Früchte, Rinde.

Stumpf, Ursula: **Unsere Heilkräuter**, Kosmos Verlag 2012
Unsere wertvollsten heimischen Heilkräuter sowie – zur sicheren Unterscheidung – die wichtigsten Giftpflanzen. Mit zahlreichen Tipps für Tees, Salben oder Tinkturen sowie einem Register für die schnelle Hilfe bei Beschwerden.

Spohn, Margot, Aichele, Dietmar und Golte-Bechtle, Marianne: **Was blüht denn da?**
Kosmos Verlag 2008
Sicher nach Farbe der Blüten bestimmen: 870 Pflanzen in mehr als 1800 naturgetreuen Farbzeichnungen, darunter auch unsere Gräser.

Über den Autor

Joachim Mayer ist gelernter Gärtner und Diplom-Agraringenieur. Durch die berufliche Beschäftigung mit Zier-, Obst- und Feldgehölzen entwickelte er schon früh eine besondere Faszination für Bäume – ob im Wald, in der Landschaft oder im Siedlungsbereich. Seit vielen Jahren vermittelt er sein Wissen über Natur- und Gartenthemen als Buchautor und Journalist.

Umschlaggestaltung von eStudio Calamar, unter Verwendung von 1 Farbfoto von fotolia. com: Die Aufnahme zeigt Früchte der Rosskastanie (*Aesculus parviflora*).

Die kleinen Aufnahmen auf der Rückseite stammen von Roland Spohn, sie zeigen Zapfen der Fichte (*Picea abies*), Blüten der Higan-Kirsche (*Prunus subhirtella*) und Früchte der Hasel (*Corylus avellana*).

Mit 259 Farbfotos von **Roland Spohn** und 1 Farbfoto von **Jutta Nerger** (S. 173)

Mit 232 Farbzeichnungen:
74 Zeichnungen von **Marianne Golte-Bechtle** (S. 12, 14, 18, 20M, 20u, 22u, 24, 34u, 36, 38, 40M, 40u, 42o, 42u, 44o, 46M, 46u, 48, 50, 58o, 60o, 62, 66o, 68, 76, 78u, 86M, 86u, 90, 94, 96u, 98, 100o, 100u, 102u, 104o, 108M, 110, 112M, 116M, 116u, 118M, 120u, 122M, 122u, 124o, 130o, 132o, 148M, 150, 152u, 156o, 158M, 162o, 164M)), 13 Zeichnungen von **Sigrid Haag** (S. 220, 26, 30or, 46o, 52o, 52u, 54o, 70M, 70u, 100M, 158o), 2 Zeichnungen von **Reinhild Hofmann** (S. 78Mr, 148u), 1 Zeichnung von **Gerhard Kohnle** (S. 116o), 79 Zeichnungen von **Roland Spohn** (S. 16, 20o, 28, 30ol, 30u, 34o, 34M, 40o, 42M, 44u, 52M, 54u, 58M, 58u, 60u, 64, 66u, 70o, 72, 78Ml, 80, 82, 86o, 88, 92, 96o, 96M, 102o, 104u, 106, 108o, 108u, 112u, 114, 118o, 118u, 120o, 120M, 122o, 124u, 126, 128, 130u, 132u, 134, 136, 138, 140, 142, 144, 146, 152o, 154, 156M, 156u, 158u, 160, 162M, 164o, 164u) und 63 schematischen Zeichnungen von **Wolfgang Lang** (S. 1, 4, 176, U3).

Unser gesamtes lieferbares Programm und viele weitere Informationen zu unseren Büchern, Spielen, Experimentierkästen, DVDs, Autoren und Aktivitäten finden Sie unter **kosmos.de**

Gedruckt auf chlorfrei gebleichtem Papier

ISBN: 978-3-440-13232-6
Projektleitung: Dr. Stefan Raps
Lektorat: Bärbel Oftring
Produktion: Markus Schärtlein
Grundlayout: eStudio Calamar
Printed in Italy/Imprimé en Italie

FSC
www.fsc.org
MIX
Papier aus verantwortungsvollen Quellen
FSC® C015829

KOSMOS.

Gut zu wissen.

Preisänderung vorbehalten

Macht Spaß. Macht Sinn.

Die Natur schützen mit dem NABU.
Mach mit!

www.NABU.de/aktiv

Blütenstände

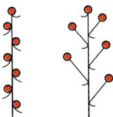
Ähre | Traube

Rispe

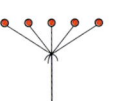
Dolde

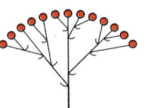
Doldenrispe
(Trugdolde, Schirmrispe)

Köpfchen

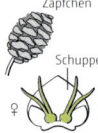
Zäpfchen
Schuppe
♀
Zapfenblüten
Erlen-Typ

♂
♀
Kätzchenblüten
Weiden-Typ

Deckschuppe
Staubbeutel
Kätzchenblüten
Birken-Typ

Blütenformen

ausgebreitet
4-zählig

ausgebreitet
5-zählig

radförmig

becherförmig

gefüllt

krugförmig

glockenförmig

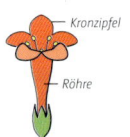
Kronzipfel
Röhre
trichterförmig

Fahne
Flügel
Schiffchen
Schmetterlingsblüte

Blüten – Nadelgehölze

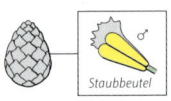
Staubbeutel
♂ Blüte | Staubblatt

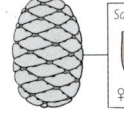
Samenschuppe (Zapfenschuppe)
Deckschuppe
Samen-
anlage
♀
♀ Blütenzapfen | Einzelblüte